国家电网有限公司
技能人员专业培训教材

# 起重设备操作

国家电网有限公司　组编

中国电力出版社
CHINA ELECTRIC POWER PRESS

图书在版编目（CIP）数据

起重设备操作 / 国家电网有限公司组编. —北京：中国电力出版社，2020.5
国家电网有限公司技能人员专业培训教材
ISBN 978-7-5198-4300-7

Ⅰ. ①起… Ⅱ. ①国… Ⅲ. ①起重机械–操作–技术培训–教材 Ⅳ. ①TH21

中国版本图书馆 CIP 数据核字（2020）第 024742 号

出版发行：中国电力出版社
地　　址：北京市东城区北京站西街 19 号（邮政编码 100005）
网　　址：http://www.cepp.sgcc.com.cn
责任编辑：刘　炽　何佳煜（010-63412395）
责任校对：黄　蓓　王海南
装帧设计：郝晓燕　赵姗姗
责任印制：杨晓东

印　　刷：三河市百盛印装有限公司
版　　次：2020 年 5 月第一版
印　　次：2020 年 5 月北京第一次印刷
开　　本：710 毫米×980 毫米　16 开本
印　　张：13.25
字　　数：247 千字
印　　数：0001—2000 册
定　　价：42.00 元

版 权 专 有　侵 权 必 究

本书如有印装质量问题，我社营销中心负责退换

# 本书编委会

主　　任　吕春泉
委　　员　董双武　张　龙　杨　勇　张凡华
　　　　　王晓希　孙晓雯　李振凯
编写人员　陈金印　胡　立　史　跃　韩春明
　　　　　杨少春　彭旭龙　许培尧　张明辉
　　　　　曹爱民　战　杰　张耀坤　杨伟春

# 前 言

为贯彻落实国家终身职业技能培训要求，全面加强国家电网有限公司新时代高技能人才队伍建设工作，有效提升技能人员岗位能力培训工作的针对性、有效性和规范性，加快建设一支纪律严明、素质优良、技艺精湛的高技能人才队伍，为建设具有中国特色国际领先的能源互联网企业提供强有力人才支撑，国家电网有限公司人力资源部组织公司系统技术技能专家，在《国家电网公司生产技能人员职业能力培训专用教材》（2010年版）基础上，结合新理论、新技术、新方法、新设备，采用模块化结构，修编完成覆盖输电、变电、配电、营销、调度等50余个专业的培训教材。

本套专业培训教材是以各岗位小类的岗位能力培训规范为指导，以国家、行业及公司发布的法律法规、规章制度、规程规范、技术标准等为依据，以岗位能力提升、贴近工作实际为目的，以模块化教材为特点，语言简练、通俗易懂，专业术语完整准确，适用于培训教学、员工自学、资源开发等，也可作为相关大专院校教学参考书。

本书为《起重设备操作》分册，由陈金印、胡立、史跃、韩春明、杨少春、彭旭龙、许培尧、张明辉、曹爱民、战杰、张耀坤、杨伟春编写。在出版过程中，参与编写和审定的专家们以高度的责任感和严谨的作风，几易其稿，多次修订才最终定稿。在本套培训教材即将出版之际，谨向所有参与和支持本书籍出版的专家表示衷心的感谢！

由于编写人员水平有限，书中难免有错误和不足之处，敬请广大读者批评指正。

国家电网有限公司
技能人员专业培训教材　起重设备操作

# 目　录

前言

## 第一部分　抱杆起重系统操作

### 第一章　抱杆起重系统安装布置 ………………………………………………… 2
模块1　落地式抱杆起重系统安装布置（Z47E1001Ⅰ）………………………… 2
模块2　悬浮式抱杆起重系统安装布置（Z47E1002Ⅰ）………………………… 10
模块3　支座式抱杆起重系统安装布置（Z47E1003Ⅰ）………………………… 17
模块4　抱杆起重系统检查验收（Z47E1004Ⅲ）………………………………… 19

### 第二章　抱杆起重系统吊装作业 ………………………………………………… 27
模块1　落地式抱杆起重系统吊装作业（Z47E2001Ⅱ）………………………… 27
模块2　悬浮式抱杆起重系统吊装作业（Z47E2002Ⅱ）………………………… 40
模块3　支座式抱杆起重系统吊装作业（Z47E2003Ⅱ）………………………… 52

### 第三章　抱杆起重系统的维护保养 ……………………………………………… 55
模块1　抱杆起重系统的维护、保养（Z47E3001Ⅱ）…………………………… 55

### 第四章　抱杆起重系统的拆除 …………………………………………………… 57
模块1　抱杆起重系统拆除（Z47E4001Ⅱ）……………………………………… 57

## 第二部分　塔式起重机操作

### 第五章　塔式起重机安装 ………………………………………………………… 63
模块1　塔式起重机安装（Z47F1001Ⅱ）………………………………………… 63
模块2　塔式起重机检测验收（Z47F1002Ⅱ）…………………………………… 73

### 第六章　塔式起重机吊装作业 …………………………………………………… 77
模块1　塔式起重机吊装作业（Z47F2001Ⅱ）…………………………………… 77

### 第七章　塔式起重机的维护保养 ………………………………………………… 80
模块1　塔式起重机的检查保养（Z47F3001Ⅱ）………………………………… 80

### 第八章　塔式起重机的拆除 ……………………………………………………… 83
模块1　塔式起重机的拆除（Z47F4001Ⅱ）……………………………………… 83

## 第三部分　流动式起重机操作

**第九章　流动式起重机吊装前准备** ……………………………………………… 87
　　模块 1　吊装工器具配置（Z47G1001Ⅰ） ………………………………………… 87
　　模块 2　流动式起重机现场组装（Z47G1002Ⅰ） ………………………………… 90
　　模块 3　作业环境条件的检查确认（Z47G1003Ⅱ） …………………………… 100
　　模块 4　流动式起重机性能检查（Z47G1004Ⅱ） ……………………………… 102
**第十章　流动式起重机吊装作业** …………………………………………………… 107
　　模块 1　流动式起重机基本操作（Z47G2001Ⅰ） ……………………………… 107
　　模块 2　常见重物吊装（Z47G2002Ⅰ） ………………………………………… 112
　　模块 3　流动式起重机双机抬吊（Z47G2003Ⅱ） ……………………………… 119
**第十一章　流动式起重机保养与常见故障排除** ………………………………… 129
　　模块 1　流动式起重机维护与保养（Z47G3001Ⅰ） …………………………… 129
　　模块 2　流动式起重机常见故障和排除方法（Z47G3002Ⅱ） ………………… 138

## 第四部分　索道起重系统操作

**第十二章　索道起重系统通道规划** ………………………………………………… 146
　　模块 1　索道起重系统通道及场地选择（Z47H1001Ⅲ） ……………………… 146
**第十三章　索道起重系统架设** ……………………………………………………… 149
　　模块 1　索道起重系统架设（Z47H2001Ⅱ） …………………………………… 149
**第十四章　索道起重系统验收** ……………………………………………………… 157
　　模块 1　索道起重系统试运行验收（Z47H3001Ⅲ） …………………………… 157
**第十五章　索道起重系统物料运输** ………………………………………………… 161
　　模块 1　索道运输操作（Z47H4001Ⅱ） ………………………………………… 161
**第十六章　索道起重系统维护** ……………………………………………………… 167
　　模块 1　索道起重系统维护保养（Z47H5001Ⅱ） ……………………………… 167
**第十七章　索道起重系统拆除** ……………………………………………………… 169
　　模块 1　索道起重系统拆除（Z47H6001Ⅰ） …………………………………… 169

## 第五部分　电力大件起重操作

**第十八章　电力大件垂直顶升** ……………………………………………………… 172
　　模块 1　垂直顶升作业（Z47I1001Ⅰ） ………………………………………… 172

第十九章　电力大件水平搬运 ············································································ 177
　模块1　水平顶推移位作业（Z47I2001Ⅱ）························································ 177
　模块2　滚杠牵引滚移作业（Z47I2002Ⅱ）························································ 184
　模块3　轨道小车牵引滚移作业（Z47I2003Ⅱ）·················································· 194
附录　起重设备操作培训模块各等级引用关系表······················································ 200

国家电网有限公司
技能人员专业培训教材 起重设备操作

# 第一部分

# 抱杆起重系统操作

国家电网有限公司
技能人员专业培训教材 起重设备操作

# 第一章

# 抱杆起重系统安装布置

## 模块 1 落地式抱杆起重系统安装布置（Z47E1001Ⅰ）

【模块描述】本模块介绍落地式抱杆起重系统的现场布置。通过布置过程的详细介绍，熟知落地式抱杆起重系统主体起立及布置原则。

【模块内容】

座地式抱杆也称为通天座地式抱杆。距抱杆顶适当距离安装摇臂时，称为座地式摇臂抱杆，座地摇臂抱杆有三种型式，即无拉线型、内拉线型和外拉线型。

一、无拉线型座地式四摇臂抱杆

1. 现场布置原则

座地式摇臂抱杆分解组塔的现场布置示意见图 1-1-1 所示。

2. 布置说明

（1）座地式摇臂抱杆包括一根主抱杆及四根摇臂。主抱杆为正方形断面，断面尺寸为 600mm×600mm。主材规格为 L63mm×5mm，辅材规格为 L30mm×4mm，为角钢焊接结构，主抱杆由抱杆帽、抱杆上段、加强段、接续段、底座等组成。

（2）抱杆底座通过四条 $\varPhi$11mm 钢丝绳固定在铁塔基础中心。

（3）在抱杆加强段上通过长螺杆安装四个摇臂，分别布置在横、顺线路方向。摇臂长 6m。

（4）摇臂端头与抱杆顶部通过 30kN 的走 1 走 1 滑车组（即调幅滑车组）相连，使摇臂与铅垂线在 5°～80°范围内活动。

（5）摇臂端头与抱杆顶之间连接一条 $\varPhi$15.5mm 钢丝绳起保险作用，使摇臂保持在水平位置。当塔片在左（右）侧起吊时，前后方向摇臂的起伏滑车组可以省略。省略调幅滑车组后，应另挂一条钢丝绳连至地面并收紧。

（6）摇臂端头下方悬挂 30kN 走 1 走 1 起吊滑车组，作起吊塔材或平衡拉线用。起吊绳经滑车组后穿过挂在抱杆杆身的转向滑车及地面处的地滑车直至绞磨。

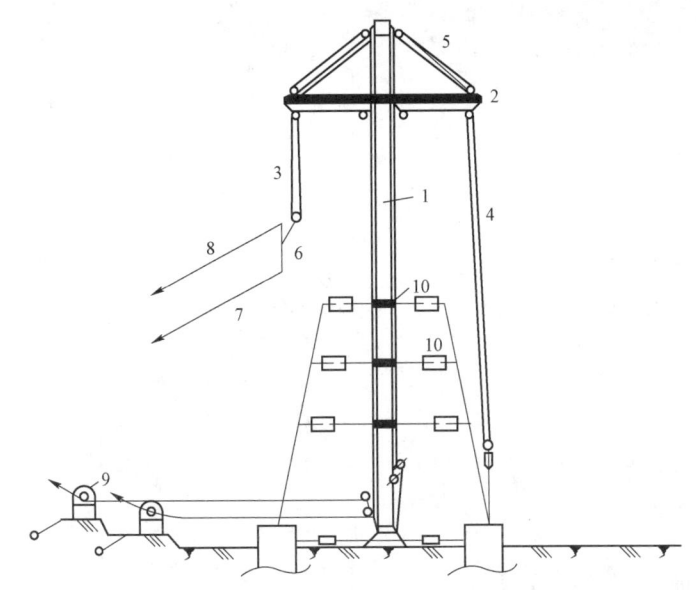

图 1-1-1 座地式摇臂抱杆分解组塔现场布置示意
1—抱杆；2—摇臂；3—起吊滑车组；4—平衡滑车组；5—变幅滑车组；6—塔片；
7—攀根绳；8—调整绳；9—机动绞磨；10—腰拉线

（7）抱杆杆身由下至上每隔 8～10m 布置一道腰环，每组腰环用 4 条 $\Phi$11mm 钢绳（腰拉线）、4 副 10kN 双钩及一套腰环组成，腰拉线固定在已组塔架的 4 根主材上，4 根腰拉线应在同一水平面内，且受力均衡，以保证抱杆在吊塔片及倒装提升时不致倾斜。

（8）抱杆最上一道腰环拉线所处塔架断面应有连接主材的大水平材（相邻两主材水平连接的辅材称大水平材）。若无大水平材应验算塔架主材稳定是否满足要求，必要时应进行补强。

3. 抱杆的组立

抱杆的组立有以下三种方法，可根据现场情况和设备条件选择。

（1）用人字抱杆整体起立座地式摇臂抱杆。

（2）先组立塔腿，再利用塔腿作支撑，起立座地式摇臂抱杆。

（3）用吊车吊装座地式摇臂抱杆。

本节介绍第（1）种方法，后两种方法将在后两节分别加以介绍。

1）抱杆组立前的准备工作。

当采用倒落式人字抱杆，布置示意图如图 1-1-2 所示。

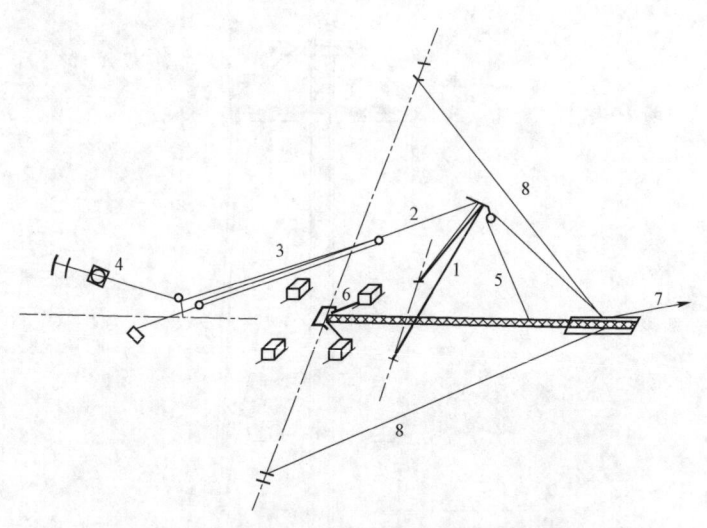

图 1-1-2 整体起立座地式摇臂抱杆布置示意图
1—铝合金抱杆；2—总牵引绳；3—总牵引滑车组；4—机动绞磨；5—吊点绳；
6—制动绳；7—后方临时拉线；8—左、右侧拉线

图 1-1-2 中临时拉线长度应满足对地面夹角为 45°的要求。抱杆组装方向，尽可能选在塔基的对角线方向，以便用塔基作制动地锚。绑扎制动绳时，应避免抱杆底座的铰链部位受到弯曲。抱杆起立前，制动绳应收紧固定。底座应置于坚硬的土质上，如遇软土，底座下方应垫方木，防止抱杆下沉。总牵引侧应设地锚，左右后三侧临时拉线应设置锚桩。

2）抱杆的起立。立抱杆前应先起立小抱杆。人字形小抱杆应设置制动绳，且两杆应置于坚土的地坑内，防止滑移。启动绞磨，收紧牵引滑车组，用人力抬起小抱杆头部，使其缓慢竖立，直至达到对地面夹角为 65°~75°时停止牵引。小抱杆起立后应设置锁脚绳。对地立座地式摇臂抱杆的布置进行全面检查，无异常后可启动绞磨，使抱杆在底座上缓慢旋转起立。起立抱杆后，其底座应位于塔位中心，调整抱杆正直后，应固定抱杆顶部的四侧临时拉线。抱杆底座的四角方向用钢丝绳及双钩分别固定于 4 个塔基。抱杆临时拉线固定后，应将摇臂平放并逐一放下起吊滑车组，为吊装塔腿做好准备工作。

4. 抱杆布置与组立操作过程中危险点及预控措施

铁塔组立不论采取何种起吊方案，其主要特点是起重系统复杂、高空作业量大、相互协作性强，是安全控制的一个重要环节，表 1-1-1 是抱杆组立过程中危险点及预控措施在其他抱杆情况下依然适用，在此节进行描述，后面部分将不再对此进行相应描述。

表 1-1-1　　　　　　　抱杆布置与组立过程危险点及预控措施

| 抱杆固定不当 | 抱杆提升高度到位后，承托绳应绑扎在塔身节点上方，紧靠节点处。起吊前应检查抱杆倾斜角，其角度最大不宜超过 10° |
|---|---|
| 抱杆提升未使用腰环 | 提升抱杆时必须打好两道腰环，腰环之间相距应符合技术要求，提升滑车必须用钢丝绳套悬挂，严禁直接挂在角铁、联扳和脚钉上；塔身斜材及内撑铁未安装好前严禁提升抱杆 |
| 起吊前抱杆反向拉线设置不当 | 抱杆起吊前应打好反向控制拉线；起吊时腰环不得受力；指挥人员要密切监视各部件受力情况，防止增加抱杆的承受力 |
| 起吊过程中未监控抱杆的承受力 | 吊装塔头和横担时，应特别注意调整抱杆的倾斜角度及稳定状况，以及控制绳的对地夹角，防止增加抱杆的承受力 |
| 抱杆起立前未对抱杆连接螺栓、工器具进行检查 | 抱杆起立前，应对抱杆连接螺栓、滑车悬挂、钢绳连接等做全面检查，凡是高处悬挂的滑车都必须封口 |
| 起重工器具使用不当 | 现场所用的起重工具，应按技术规定使用，严禁以小代大，以次充好 |
| 地锚埋设不当 | 立塔使用的地锚必须按施工技术措施要求埋设。地锚埋设要求采取防雨水冲刷、渗淹措施，防止进水后被拔出；严禁利用树桩等作锚桩用 |
| 机械带病运行 | 机械操作人员在工作开始前，应对机械进行全面检查，严禁机械带病运行 |
| 恶劣气候吊装作业 | 铁塔组立是连接及时可靠，遇有雷雨，浓雾及六级以上大风时，不得进行铁塔吊装作业 |
| 抱杆折断 | 抱杆使用组装前应详细检查，损坏、变形的抱杆节不得使用。各连接螺栓应穿满，且要个个拧紧；连接螺栓应使用不小于 4.8 级。控制单次起吊重量不超过允许范围；吊力两侧平衡 |

## 二、座地式双摇臂外拉线抱杆

1. 现场布置原则

座地式双摇臂外拉线抱杆现场布置图如图 1-1-3 所示。

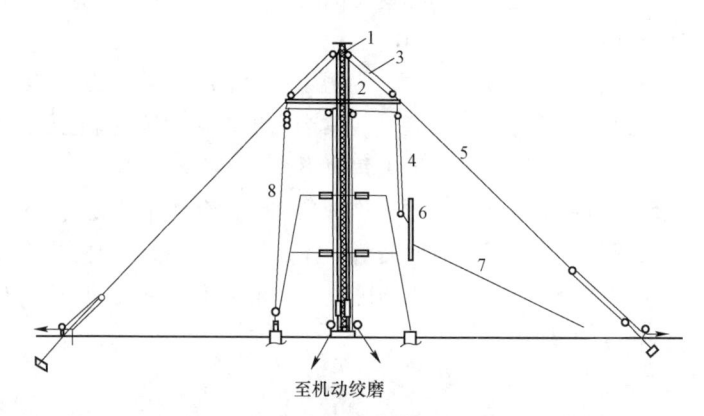

图 1-1-3　座地式双摇臂外拉线抱杆现场布置示意图
（适用于外拉线挂于抱杆顶端，高度为 130m 以下的铁塔）

1—抱杆；2—摇臂；3—调幅滑车组；4—起吊滑车组；5—外拉线；6—吊件；7—攀根绳；8—平衡吊绳

2. 布置说明

(1) 抱杆系统布置原则及注意事项。

1) 抱杆为四方断面格构式钢结构，采取分段连接，每段长度为3~4m，断面尺寸为800mm×800mm，主材选用L75mm×7mm。抱杆露出最上一道腰拉线的容许高度为30m，抱杆最高可以组合到130m，每隔10~20m布置一道腰拉线，以保持抱杆稳定。

2) 抱杆上部有两摇臂，可以上下调幅，也可水平90°回转。摇臂端部上方与抱杆顶连接有调幅滑车组，摇臂端部下方挂有起吊滑车组。

3) 抱杆底座的地面应平整坚实，如土质松软时应垫方木进行地基加固。抱杆底座的四角应用钢丝绳与铁塔基础连接收紧，防止移动。抱杆底座应设置多个挂环，以备悬挂地滑车。

4) 抱杆使用的条件为：单侧吊重不大于4t时，另一侧平衡吊重不小于2t；双侧同时吊重应不大于4t，风速不大于5级。

(2) 起吊牵引系统布置原则及注意事项。双摇臂端部挂有起吊滑车组。滑车为50kN双轮，按走2走2布置。滑车下端挂有一条 $\varPhi$9.3mm 钢丝绳，便于构件安装后将滑车组由高处牵拉至地面。

机动绞磨应配有两套，以便同步双侧起吊构件。机动绞磨应布置在与被吊构件近似垂直方向，与铁塔中心距离不应小于40m。

(3) 调幅系统布置原则及注意事项。双摇臂端部与抱杆顶之间设置有走2走2调幅滑车组合保险钢丝绳。通过调幅滑车组可将摇臂仰角进行调整，以适应塔身不同断面尺寸时吊装构件就位的需要。摇臂平放时为0°，向上最大可达80°。保险钢丝绳为固定长度，仅在摇臂平放时受力。调幅钢丝绳的牵引端沿抱杆引至根部通过 30kN 手扳葫芦在抱杆底座挂环上。

(4) 控制系统布置原则及注意事项。为防止构件晃动及碰撞已组塔架，在被吊塔片的下部系有1条或2条攀根绳。在塔片正常起吊过程中，攀根绳应尽量处于松弛状态，以减小起吊系统受力。攀根绳对地夹角应不大于45°。

(5) 拉线系统布置原则及注意事项。抱杆顶部设置有4条外拉线。外拉线布置在铁塔基础对角线的延长线方向，其对地夹角不宜大于45°（拉线规格选择按50°）。拉线下端宜设置走1走1滑车组及拉线控制器，以方便操作。同时应配置30kN手扳葫芦，以便需要收紧拉线时使用。

3. 抱杆的组立

(1) 抱杆组立前的准备工作。根据拉线、攀根绳等受力大小及地质条件布置桩锚和地锚，其平面示意图如图1-1-4所示。

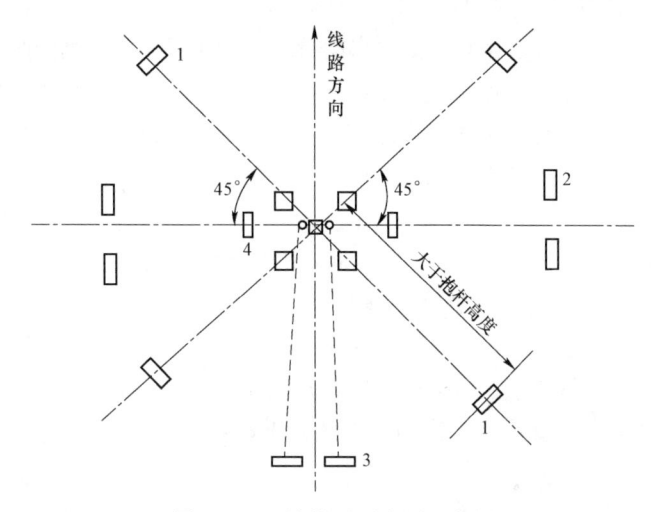

图 1-1-4　地锚平面布置示意图
1—拉线地锚；2—攀根绳地锚；3—机动绞磨地锚；4—平衡拉线地锚

拉线的锚定，为了便于拉线滑车组钢丝绳的操作，还可以在拉线地锚延长线方向设置铁桩，在角铁桩前侧安装拉线控制器。根据计算，攀根绳张力较小，因此，地质条件较好时选用角铁桩，较差时选用地钻，以减少土方开挖。机动绞磨的锚定，在坚土条件下，若选用钢板地锚时，埋深不小于1.2m；若选用角铁桩时，应设置双联或三联桩。

（2）抱杆的起立及注意事项。

1）以塔腿起立抱杆的现场布置示意图如图1-1-5所示。

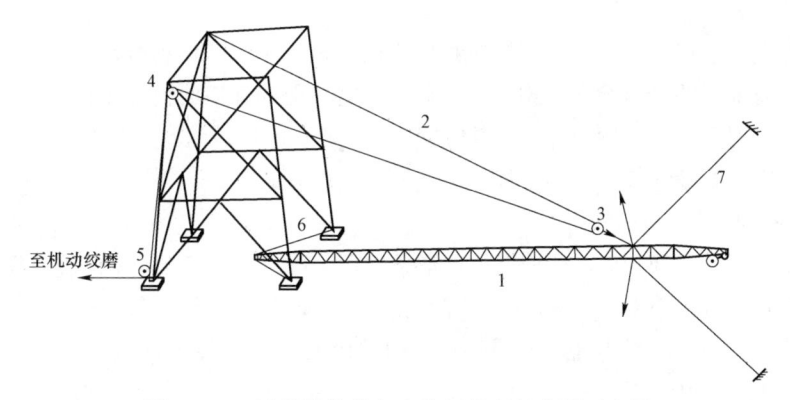

图 1-1-5　以塔腿整体起立抱杆的现场布置示意图
1—抱杆；2—牵引绳；3—吊点滑车；5—转向滑车；6—制动绳；7—后方拉线

在塔腿上方的内侧挂点两只单滑轮启动滑车，塔腿下端前外侧挂两只转向滑车。将起立抱杆的牵引绳穿入吊点滑车 3 后，两尾端穿过上方起吊滑车 4 再经过地滑车 5 后与平衡滑车连接，直到机动绞磨。抱杆顶部调离地面 0.8m 时，应暂停牵引，进行各部位检查并做冲击试验；当抱杆立至 60° 时，应带住后方临时拉线，并随抱杆起立缓慢松出；当抱杆立至约 80° 时，停止牵引，收紧牵引侧的抱杆拉线，同时缓缓松出后方拉线，直至抱杆达到竖直状态，收紧并固定抱杆四侧拉线。

2) 除以上方法外，根据抱杆自重的不同，以塔腿组立抱杆还常用到的以下两种方式。

当抱杆较轻时用单滑车起吊布置，布置示意图如图 1-1-6（a）所示；当抱杆较重时用双滑车起吊布置，布置示意图如图 1-1-6（b）所示。

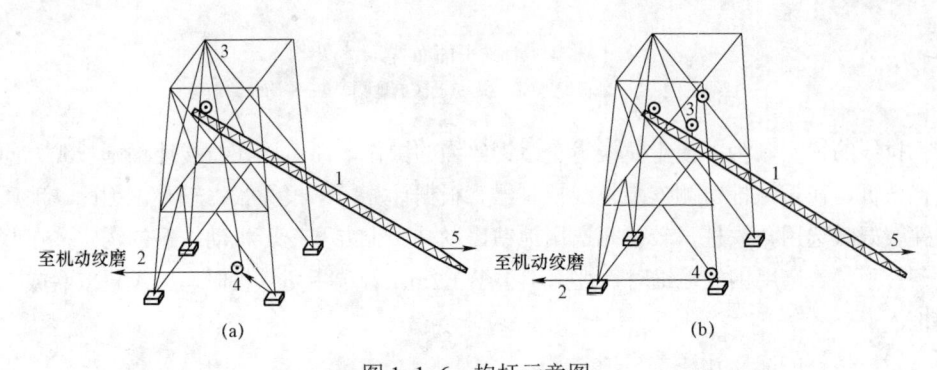

图 1-1-6　抱杆示意图
（a）利用塔腿单吊抱杆布置示意；（b）利用塔腿双吊抱杆布置示意
1—抱杆；2—牵引绳；3—起吊滑车；4—地滑车；5—攀根绳

抱杆根用攀根绳控制，使其慢慢移向塔内。抱杆竖立后，利用腰拉线调正抱杆，然后拆除立抱杆的牵引绳索。抱杆竖立后，应将塔腿的开口面辅材补装齐全并拧紧。将抱杆拉线固定在塔腿的上部位置并收紧。

### 三、座地式双摇臂内拉线抱杆

1. 现场布置原则

平面布置应因地制宜，根据塔位地形条件现则确定，组塔立面如图 1-1-7（a）所示，当提升抱杆的卷扬机与吊装构件的卷扬机在不同方向时，组塔平面布置示意如图 1-1-7（b）所示；提升抱杆与吊装构件的卷扬机在同一侧布置时，组塔平面布置示意如图 1-1-7（c）所示。

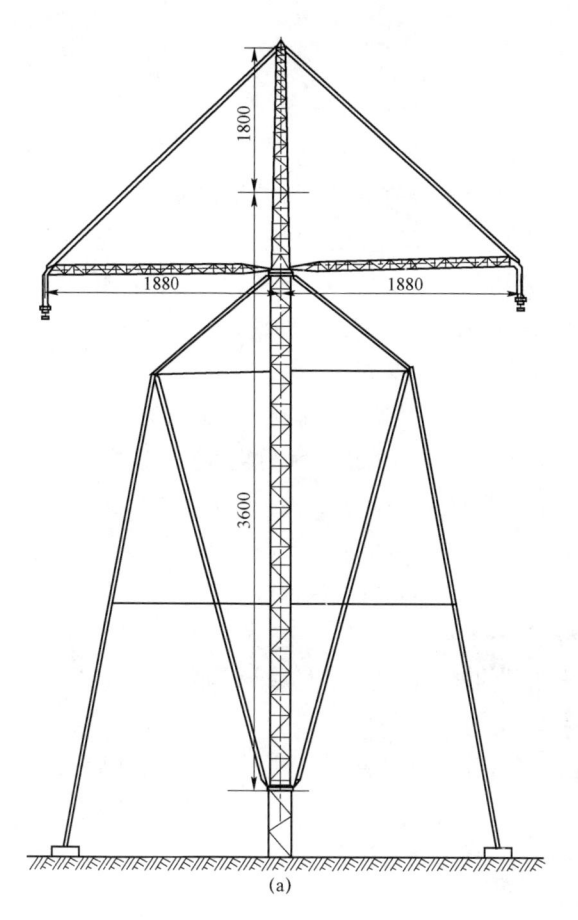

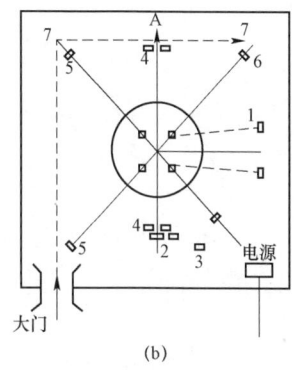

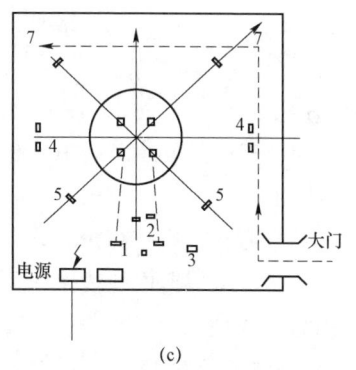

图 1-1-7　组塔平面布置

(a) 组塔立面图；(b) 组塔平面布置图一；(c) 组塔平面布置图二

1—卷扬机（吊构件）；2—卷扬机（提升抱杆）；3—指挥台；4—攀根绳地锚；5—拉线地锚；
6—组装场；7—材料堆放场

2. 抱杆的组立

（1）准备工作。为防止抱杆不均匀下沉，在位于铁塔中心处浇制边宽为 3.2m×3.2m、深度为 1m 的混凝土基座。对抱杆、摇臂等部件及连接螺栓进行清点及检查，符合要求方可组装。根据选择的吊车，确定吊装塔腿、抱杆的顺序及高度，由于吊车额定起重量不同，对组立抱杆高度要求也不同。

（2）组立抱杆及注意事项。用吊车组立抱杆的操作要点如下：

1) 固定好起重机，先组立塔腿，留出一面辅材暂不安装，塔腿组立的高度应与抱杆上部段高度相一致。

2) 将起重机移到塔架外侧，置于未封辅材的塔腿面方向。

3) 如果起重机额定起重量为 20~25t，利用起重机组装抱杆上部段（约 26m），再吊装至塔位中心，安装四侧临时拉线。

4) 如果起重机额定起重量为 50~100t 时，可以采用先吊抱杆标准段 2 节或 3 节立于塔位中心，再吊装转动支撑、桅杆及摇臂等。打好抱杆四侧临时拉线后，安装电缆及调幅、起重钢丝绳等。

5) 封装塔腿一面未装的辅材，使塔腿形成一个稳定结构。

【思考与练习】

1. 简要说明无拉线型座地式四摇臂抱杆现场布置及应遵循的原则。
2. 试简要画出座地式双摇臂外拉线抱杆桩锚和地锚布置图。
3. 简要说出起重机组立抱杆步骤。

## 模块 2　悬浮式抱杆起重系统安装布置（Z47E1002Ⅰ）

【模块描述】本模块介绍悬浮式抱杆起重系统的现场布置。通过布置过程的详细介绍，熟知悬浮式抱杆起重系统主体起立及布置原则。

【模块内容】

悬浮式抱杆起重系统按照拉线设置及有无摇臂分为内悬浮内拉线抱杆、内悬浮外拉线抱杆、内悬浮双摇臂内拉线抱杆及内悬浮外拉线双摇臂外拉线抱杆。

一、内悬浮内拉线抱杆

（一）现场布置原则

内拉线抱杆单片组塔现场布置示意见图 1-2-1；内拉线抱杆双片组塔现场布置示意见图 1-2-2。

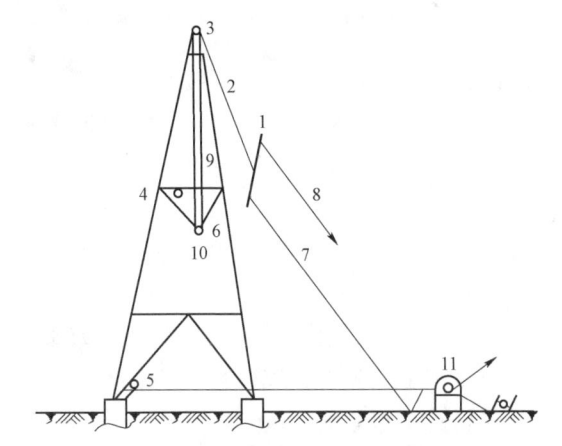

图 1-2-1　内拉线抱杆单片组塔法现场布置示意

1—被吊塔片；2—起吊绳；3—朝天滑车；4—腰滑车；5—地滑车；6—承托绳；
7—攀根绳（控制绳）；8—调整绳；9—抱杆；10—朝地滑车；11—绞磨

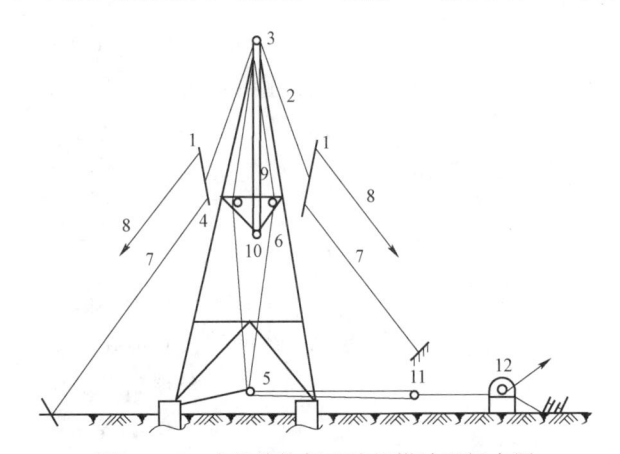

图 1-2-2　内拉线抱杆双片组塔法现场布置

1—被吊塔片；2—起吊绳；3—朝天滑车；4—腰滑车；5—地滑车；6—承托绳；7—攀根绳（控制绳）；
8—调整绳；9—抱杆；10—朝地滑车；11—平面滑车；12—绞磨

（二）抱杆的选择及布置

**1. 抱杆的构成**

抱杆由朝天滑车、朝地滑车及抱杆本身构成。在抱杆两端设有连接拉线系统和承托系统用的抱杆帽及抱杆底座。

朝天滑车连接于抱杆帽，其主要作用是穿过起吊绳以提升铁塔塔片并将起吊重力沿轴向传递给抱杆。单片组塔法用单轮朝天滑车。抱杆帽与抱杆的连接，一般采用套接方式。朝天滑车能在抱杆顶端围绕抱杆中心线水平旋转，以适应起吊绳在任何方向都能顺利通过。

朝地滑车连接于抱杆底座，其作用是提升抱杆。

抱杆分段应用内法兰连接，以便在提升抱杆时，能顺利通过腰环。如果为外法兰接头，提升抱杆过程中，接头通过应有防卡阻的措施。

2. 抱杆拉线的布置原则及注意事项

抱杆拉线是由四根钢丝绳及相应索具组成。拉线的上端通过卸扣固定于抱杆帽下端用索卡或卸扣分别固定于已组塔段四根主材上端节点的下方。

拉线与塔身的连接点应选在分段接头处的水平材附近，或颈部 K 节点（指酒杯的连接板附近）。挂拉线的主材处宜设置挂板或预留施工孔。

3. 承托系统的布置原则及注意事项

抱杆的承托系统由承托钢丝绳、平衡滑车和双钩等组成。承托系统布置平面图如图 1-2-3 所示。

承托绳由两条钢绳穿过各自的平衡滑车，其端头直接缠绕在已组塔段主材节点的上方，用卸扣锁定，也可以通过专用夹具或尼龙吊带固定于铁塔主材上。承托绳在已组塔段上的绑扎点，应选择在铁塔水平材节点上方，或者颈部的 K 节点附近。

为了保持抱杆根部处于铁塔结构中心，两条承托绳的长度应相等。

两平衡滑车根据起吊构件位置可以前后或左右布置。当被吊构件在塔的左、右侧起吊时，平衡滑车应布置在抱杆的左、右方向；当被吊构件在塔的前、后侧起吊时，平衡滑车应布置在抱杆的前、后方向。该布置方式可使抱杆的承托绳受力均匀并防止抱杆在提升过程中沿平衡滑车位移。

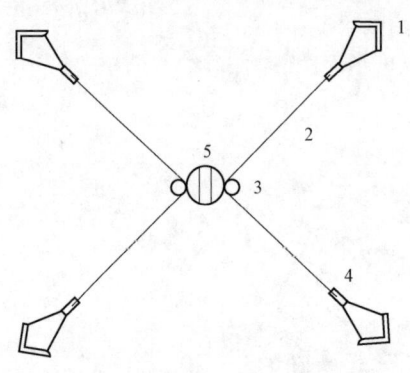

图 1-2-3 承托系统布置平面图
1—塔段主材；2—承托钢绳；3—平衡滑车；4—双钩；5—抱杆座

当承托绳选用的规格较大时，可不用平衡滑车，即用 4 条独立的钢丝绳分别挂于已组塔体的四根主材上。采用此布置方式时，要求 4 条承托绳应等长，连接方式应相同，使 4 条承托绳受力均匀。

4. 起吊绳的布置原则及注意事项

（1）单片组塔时，起吊绳是由被吊构件经朝天滑车、腰滑车、地滑车引到机动绞磨间的钢丝绳（见图 1-2-2）。双片组塔时，起吊绳经过 2 个地滑车之后还应通过平衡滑车（见图 1-2-3）。

（2）单片组塔时，起吊绳同时也是牵引绳。为了方便论述及计算，起吊绳与牵引绳区分如下：以抱杆的起吊滑车（即朝天滑车）为界，起吊构件侧为起吊绳，牵引动力侧为牵引绳。双片组塔时，起吊绳与牵引绳通过平衡滑车相连接。

（3）起吊绳的规格。应按每次最大起吊质量选取。当起吊质量在 1000kg 以下时，起吊钢绳选用 $\Phi$11mm 规格；起吊质量在 1000~1500kg 时，选用 $\Phi$12.5mm 规格；起吊质量大于 1500kg 时，应使用复式滑车组。

5. 牵引设备的布置原则及注意事项

内拉线抱杆组塔时，牵引设备选用 20kN 级机动绞磨或手扶拖拉机机动绞磨。牵引设备的锚固：在坚硬土质条件下，应使用二联角铁桩；在软土地质条件下，应使用螺栓地钻；在各种土质条件下均可使用钢板地锚。

绞磨应尽可能顺线路或横线路方向设置且与起吊构件方向约呈垂直线方向。在起吊构件过程中，绞磨机手应能观测到起吊构件。绞磨距塔位中心的距离应不小于 1.5 倍的抱杆长度且不小于 20m。

6. 攀根绳和调整绳的布置原则及注意事项

（1）攀根绳是绑扎在被吊塔片下端的绳，其作用是控制被吊塔片不与已组塔体相碰撞。攀根绳受力的大小，对抱杆、拉线系统及承托系统的受力均有直接影响。而攀根绳与地面间的夹角大小，直接影响着自身的受力，一般要求夹角不大于 45°。

攀根绳的规格应根据计算确定。一般经验是：被吊构件质量小于 500kg 时，且攀根绳对地夹角小于 30°，选用棕绳规格应不小于$\Phi$18mm；被吊构件质量大于 500kg 或由于地形限制，攀根绳对地夹角大于 30°时，应选用$\Phi$11mm 或$\Phi$12.5mm 钢绳。

当构件组装后的根开小于 2m 时，攀根绳一般用一条，用 V 形钢绳套与被吊塔片相连接。攀根绳必须连在 V 形套的顶点处。当构件的根开大于 2m 时，宜使用 2 条攀根绳，且按八字形布置。

（2）调整绳（也称上控制绳）是绑扎在被吊塔片上端的绳，其作用是调整被吊构件的位置及协助塔上操作人员就位时对孔找正。正常起吊构件时，调整绳不受力，处于备用状态。调整绳一般用 2 条，分别绑于被吊塔片两侧主材上端。当塔片较宽时，为协助塔片就位，也可以用 4 条，2 条绑在主材上端，另 2 条绑在主材下端。通常选用$\Phi$16~20mm 的棕绳。

7. 底滑车和腰滑车的布置原则及注意事项

（1）腰滑车是为了合理引导牵引绳走向，避免牵引绳与塔段或抱杆摩擦所设置的一种转向滑车。腰滑车应布置在已组塔段上端接头处（起吊构件对侧）的主材上。固定腰滑车的钢绳套越短越好，以增大牵引绳与抱杆轴线间的夹角，从而减小抱杆受力。

（2）底滑车（也称地滑车）是将通过铁塔内的牵引绳引向塔外，直至绞磨，起转向作用。若为双片吊塔时，两条牵引绳引至塔外穿过平衡滑车后与总牵引绳相连接。

底滑车通过钢丝绳固定在靠近地面的 3 根或 4 根塔腿主材上，基础不需加固。在特殊地质、地形条件下，为防止铁塔基础受力损伤，可在牵引方向的相反侧，增设一根或两根（地质松软时用两根）角铁桩，以加固基础、角铁桩与塔腿间用钢绳及双钩连接，起吊构件前收紧双钩。

8. 腰环的布置原则及注意事项

在内拉线抱杆提升过程中，采用上下两道腰环，使抱杆始终处于竖直状态。上下两道腰环间的垂直距离一般应保持在 6m 以上。上腰环应布置在已组塔段的最上端，下腰环应布置在抱杆提升后的下部位置。腰环应通过钢丝绳套及花兰螺栓固定在已组塔段的四根主材节点处并适当收紧。

（三）起立抱杆及注意事项

现场负责人应对运至塔位的抱杆进行认真检查，应将各段抱杆按顺序组合并进行调整，使杆身平直稳固，接头螺栓需固定到位。安装好顶滑车及抱杆临时拉线，将起吊钢绳穿入顶滑车。现场布置如图 1-2-4 所示。起立抱杆视抱杆大小及地形条件而定，一般利用已组立的下段塔身单整立抱杆。将抱杆平放在塔身开口侧的地面上，利用已组塔身起吊抱杆，当抱杆起立至 80°左右时，停止牵引在塔身上方收紧抱杆拉线，利用拉线将抱杆调正后，将拉线固定在主材上。抱杆竖立后，应将塔身下段的开口面辅材补装齐全并坚固螺栓，然后将抱杆拉线固定在塔腿主材的规定位置上。

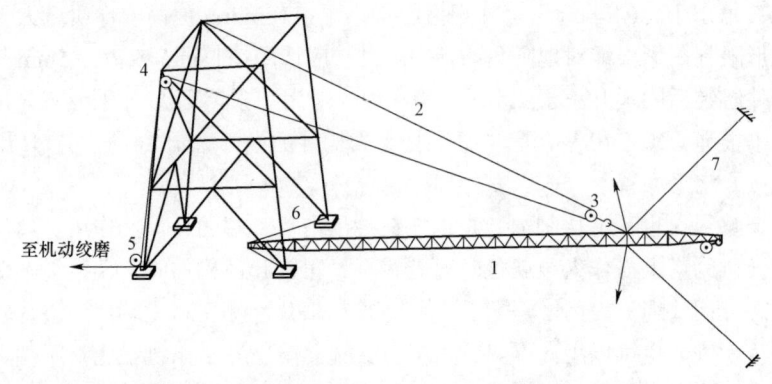

图 1-2-4 以塔腿整体起立抱杆的现场布置示意图
1—抱杆；2—牵引绳；3—吊点滑车；4、5—转向滑车；6—制动绳；7—后方拉线

## 二、内悬浮外拉线抱杆

（一）现场布置原则

内悬浮外拉线抱杆其现场布置示意如图 1-2-5 所示。

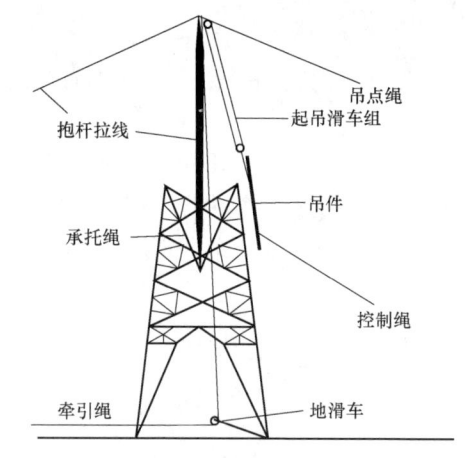

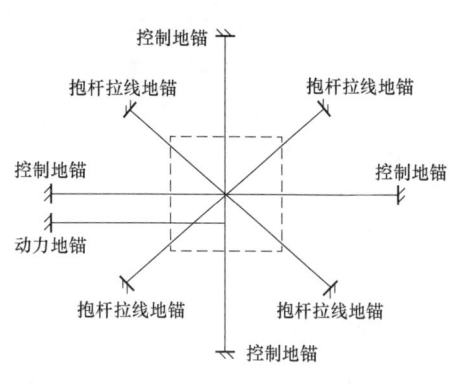

图 1-2-5 内悬浮外拉线抱杆其现场布置示意

（二）现场布置说明

1. 抱杆的临时拉线布置原则及注意事项

（1）抱杆临时拉线的地锚应位于与基础中心线夹角为 45°的延长线上。拉线的对地夹角不宜大于 45°。

（2）抱杆拉线下端设置拉线控制器，以方便拉线能随时松出。若需要收紧时应另配手扳葫芦。

（3）拉线地锚应根据拉线受力大小和土质条件选用。常用的地锚有钢地锚、圆木地锚、螺旋地钻及铁桩等。应优先选用钢地锚。坚硬土质使用铁桩时拉线拉力应不超过 15kN，不得少于 2 根，2 根铁桩应用可调工具（如花兰螺栓）和钢丝绳套连接牢固；钢丝绳拉线与铁桩接触处应套以钢管。软土地质使用地钻时每处不得少于 2 个。

2. 起吊滑车组的布置原则及注意事项

（1）起吊滑车组的绳数应根据受力计算来选择，在一般情况下，起吊绳采用 $\Phi$13mm 钢丝绳时，单绳受力不应超过 15kN；采用 $\Phi$11mm 钢丝绳时，单绳受力不应超过 11kN。

（2）起吊滑车组的定滑轮挂于抱杆帽的侧面。起吊绳沿抱杆外缘引下时应采取防止触磨抱杆的措施，一般是在距抱杆顶 1.5～2.0m 处绑扎一根 $\Phi$50mm 硬木棒，或者抱杆帽顶部设置小横担等。

（3）起吊绳通过地面的底滑车（转向用）进入绞磨。底滑车的位置应选择适当，防止起吊绳与其他构件相摩擦。底滑车的钢丝绳套与踏脚底座相连接时，绳套长度应适当，且不宜少于 3 条；塔腿主材靠基础面处尽可能设置挂板或预留施工孔。

## 3. 其他布置原则

牵引装置、承托装置、攀根绳、地锚等的布置与内悬浮内拉线抱杆组塔布置相同。

### 三、内悬浮双摇臂内拉线抱杆

组塔平面布置及布置原则与座地式双摇臂内拉线抱杆分解组塔相同，详见第一章模块一第三节。内悬浮双摇臂内拉线抱杆同内悬浮双摇臂外拉线抱杆，在抱杆组立的方法上可借鉴前面所描述的几种方法，根据实际使用情况选用不同方式组立抱杆。

### 四、内悬浮双摇臂外拉线抱杆

1. 现场布置原则

内悬浮带摇臂抱杆分解组塔现场布置示意见图 1-2-6 所示。

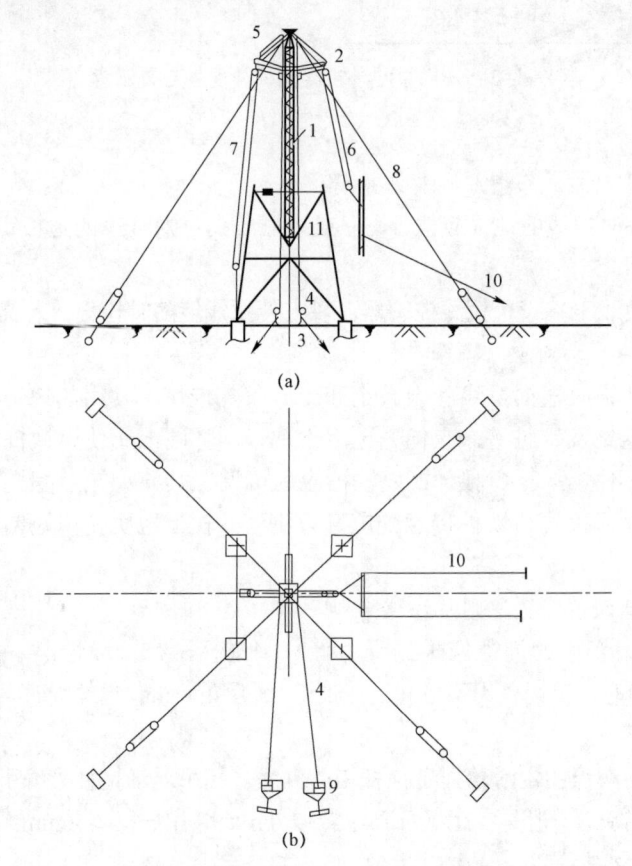

图 1-2-6 内悬浮双摇臂外拉线抱杆分解组塔现场布置示意图
(a) 分图一；(b) 分图二
1—抱杆；2—摇臂；3—地滑车转向架；4—绞磨绳；5—起伏滑车组；6—起吊滑车组；7—平衡滑车组；
8—外拉线；9—机动绞磨；10—控制绳；11—承托绳

2. 内悬浮带摇臂抱杆分解组塔现场布置及注意事项

（1）组立酒杯塔时，抱杆长度宜为酒杯塔曲臂窗口高度的 1.8 倍；摇臂长度宜比酒杯塔曲臂窗口宽度小 1~2m；摇臂根部至抱杆顶部的长度应比摇臂长度长 0.50~1.00m。

（2）抱杆组立后，应打好上下两层四角临时拉线。抱杆顶部四角落地拉线应设在距铁塔中心 1.2 倍塔高处；下层拉线应固定在四个基础上。

（3）抱杆根部应垫短方木，底座四角固定于地面的转向架。四侧的牵引绳均由地滑车引至机动绞磨。

（4）机动绞磨可设在塔身构件侧的垂直方向，距塔位中心应不小于 1.5 倍抱杆高度且不小于 20m。每副抱杆应设两台机动绞磨。

（5）承托绳宜采用装配式，且 4 根绳应长度相等。承托绳应通过专用挂件或吊装尼龙带与铁塔主材连接。对角两承托绳间的夹角应不大于 90°。

（6）落地拉线对地夹角应不大于 45°。

【思考与练习】
1. 试简要画出内悬浮双摇臂外拉线抱杆现场布置示意图，并配上说明文字。
2. 简要说明内悬浮内拉线抱杆现场布置及应遵循的原则。
3. 根据现场布置简要分析各悬浮抱杆适用情况。

## 模块 3　支座式抱杆起重系统安装布置（Z47E1003 Ⅰ）

【模块描述】本模块介绍支座式抱杆起重系统的现场布置。通过布置过程的详细介绍，熟知支座式抱杆起重系统主体起立及布置原则。以下着重介绍支座式抱杆起重系统特点。

【模块内容】

由于无拉线塔上小抱杆的抱杆不用拉线定位，而用一个腰绳来定位，是一根悬臂梁，承受弯矩作用，因而大大影响其起吊能力，一般情况下极少使用。

在地形条件允许时，一般都对塔上小抱杆加外拉线，并取消腰绳，使之成为一根近似于中心受压立柱，可明显提高其起吊能力。

当抱杆座落在下段塔身内时称为"内附塔上小抱杆"，此时只能分根或分片起吊塔材，而不能直接整段起吊塔材。当抱杆座落在下段塔身外侧时称为"外附塔上小抱杆"，可以直接整段起吊塔材。

外拉线内附塔上小抱杆吊塔方法如图 1-3-1 所示。

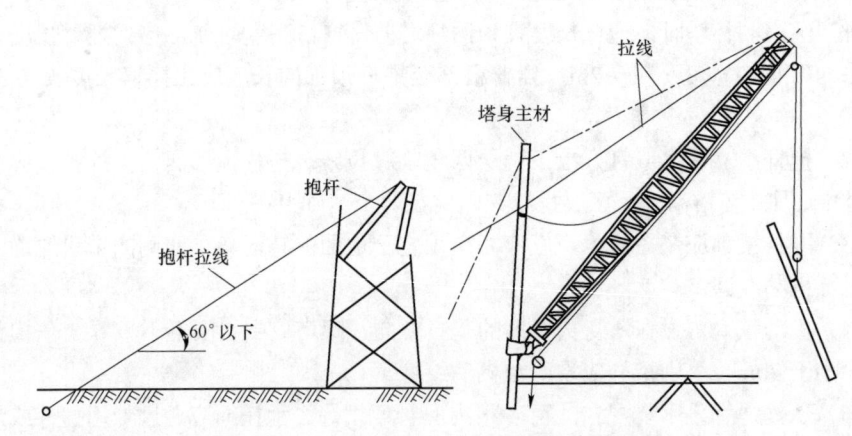

图 1-3-1　外拉线塔上小抱杆吊塔布置示意

其优点是机具简单，便于山区运输，操作方便。缺点是仅适用于小型塔，当根开大于10m时抱杆较长，操作困难；由于抱杆强度较小，每次起吊重量较小；高塔吊装时，高空作业多，临时拉线较长。

常用小抱杆有木杆、铝管杆、格构式角钢或角铝杆。图1-3-2（a）所示为木抱杆根部与铁塔主材相连的绑扎方法，图1-3-2（b）和图1-3-2（c）所示分别为圆抱杆和格构式抱杆利用卡具与铁塔主材相连的方法。图1-3-3所示为木抱杆根部形状和抱杆与绑扎用钢丝绳套连接的方法。

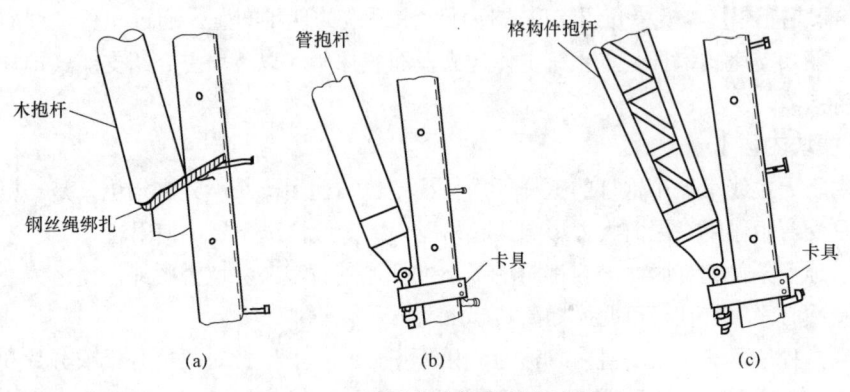

图 1-3-2　内附小抱杆与铁塔连接
(a) 连接方法1；(b) 连接方法2；(c) 连接方法3

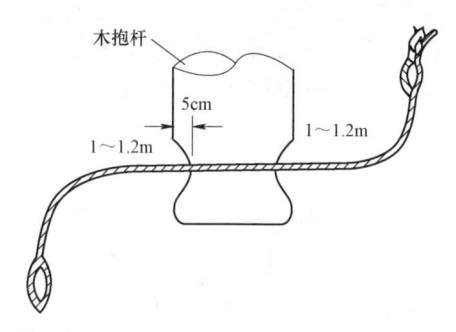

图 1-3-3　木抱杆底端结构

外拉线外附小抱杆布置与内附小抱杆基本一致，仅是小抱杆附于铁塔主材内外侧的区别，本文不再赘述。

支座式抱杆起重系统总体吊装能力有限，而且高空作业多，已逐渐在输电线路施工中较少使用。

【思考与练习】
1. 支座式抱杆起重系统有哪两种类型？
2. 内附塔上小抱杆有什么特点？
3. 外拉线内附塔上小抱杆有什么特点？

## 模块 4　抱杆起重系统检查验收（Z47E1004Ⅲ）

【模块描述】本模块介绍各类抱杆起重系统检测验收的内容。通过要点讲解，掌握各类抱杆起重系统检查验收的内容与要求。

【模块内容】
本模块主要介绍架空输电线路施工用抱杆的技术要求、试验方法、检验规则、包装、标志、运输与贮存等，作为设计制造和验收的技术依据。适用于架空输电线路施工中整体组立或分体组立杆塔所用的抱杆。

一、总体原则

（1）抱杆的安装和维护应根据设计单位和制造厂已审定的抱杆图纸及有关技术文件，按照 DL/T 319—2018 的要求进行。制造厂有特殊要求的，应当按照制造厂有关技术文件的要求进行。凡 DL/T 319—2018 和制造厂技术文件均未涉及者，应当拟定补充规定。

（2）抱杆的安装、维修，除应执行 DL/T 319—2018 标准外，还应当遵守国家有关部门颁发的现行安全防护、环境保护、消防等规程的有关要求。

(3）抱杆安装、维修前应当认真阅读并熟悉设计图纸、出厂检验记录和有关技术文件，编制合理的施工组织设计，制定详细的施工方案。

(4）抱杆安装、维修所用的全部材料，应符合设计要求。对主要材料，必须有检验报告和出厂合格证明书。

(5）抱杆安装。维修作业时必须坚持文明施工，设备、工器具和施工材料堆放整齐，场地保持清洁，通道畅通，工完场清。

(6）抱杆各部件的防腐涂漆应当满足下列要求：

1）需要在公司喷图层面漆的部件（包括工地焊缝）应按设计要求进行。

2）在安装、维修过程中部件表面涂层损伤时，或抱杆改造新增加和更换的部件，应按原涂层的要求进行补修。

3）现场施工的涂层厚度应均匀，无气泡和皱纹，颜色应一致。

4）合同规定或有特殊要求需在工地涂漆的部件，应符合规定。

## 二、技术要求

（一）一般要求

(1）抱杆宜选用塑性性能好的金属材料，220kV及以上电压等级线路施工不得使用木抱杆。

(2）钢抱杆及铝合金抱杆长细比见表1-4-1。

表1-4-1　　　　　　　　抱杆长细比推荐值表

| 钢抱杆 ||| 铝合金抱杆 |||
| --- | --- | --- | --- | --- | --- |
| 整体 | 主要受力构件 | 次要受力构件 | 整体 | 主要受力构件 | 次要受力构件 |
| ≤150 | ≤120 | ≤150 | ≤110 | ≤100 | ≤110 |

(3）抱杆的安全系数见表1-4-2。

表1-4-2　　　　　　　　抱杆安全系数推荐值表

| 屈服安全系数 | 稳定安全系数 | 附件安全系数 |
| --- | --- | --- |
| ≥2.1 | ≥2.5 | ≥3 |

(4）主要承载结构的构造设计应尽量简单，受力明确，传力直接，尽量降低应力集中的影响。

(5）结构的设计应考虑到制造、检查、运输、装拆、使用和维护等的方便，法兰等结构应避免积水。

（6）抱杆用钢丝绳应符合 GB/T 20118 的要求，优先采用线接触型钢丝绳。钢丝绳的计算及选用应符合 GB/T 3811 的要求。

（7）抱杆制造或组装后，其横向变形不得超过 $L/1000$，$L$ 为抱杆长度。

（8）抱杆相同规格的杆段应具有互换性，抱杆连接螺栓规格不宜小于 M16，螺栓等级不宜小于 6.8 级。

（9）抱杆材料进厂时应具有供应厂家的质量证明书，每批进厂后应进行化学成分验证，以确保符合设计要求。

（10）抱杆配套的绞磨、拉线、锚体、滑车等附件应符合 DL/T 875 的要求。

（二）铝合金抱杆

（1）铝合金抱杆的主要承载结构的构件，宜采用力学性能不低于 GB/T 6892 中的 2A12 硬铝合金。

（2）抱杆使用的铝型材应符合 GB/T 14846 的要求。

（3）抱杆的主材及辅材表面应经硬膜阳极化处理，氧化膜应符合 HB 5055 要求。

（4）标准节连接宜采用热镀锌钢质法兰，热镀锌应符合 GB/T 13912 要求。

（5）抱杆的主材与辅材、辅材与辅材间的连接应采用铝合金铆钉连接，节点构造应符合 GB 50429 的要求。

（6）铝合金抱杆的加工及验收应符合 GB 50205 及 GB 50576 的要求。

（三）钢抱杆

（1）钢抱杆的主要承载结构的构件，宜采用力学性能不低于 GB/T 700 中的 Q235 钢和 GB/T 699 中的 20 钢材；当结构采用高强度钢材时，可采用力学性能不低于 GB/T 1591 中的 Q345、Q390、Q420 钢材。

（2）钢结构抱杆的主材与辅材、辅材与辅材间的连接应采用焊接连接，焊缝采用封闭焊缝，焊条应符合 GB/T 5117 及 GB/T 5118 要求。

（3）钢结构抱杆的加工及验收应符合 GB 50205 的要求。

（四）抱杆附件

（1）抱杆附件宜采用钢结构。

（2）锻件不允许有过烧、过热、裂纹等缺陷，不允许将缺陷焊后再用。

（3）抱杆帽及抱杆底座与抱杆杆体连接后应尽可能使抱杆受中心压力，避免偏心受压。

（4）腰环应具有滚动装置，且能够滚动自如，不易对抱杆主材损伤。

（5）可回转抱杆的回转机构宜采用滚动轴承，采用其他结构形式时，应采取措施保证回转自如。

### 三、检查验收方法及要求

**（一）技术文件审查**

（1）审查主要技术参数与设计图样、设计计算书和使用说明书是否相符，设计图样和设计计算结果（含稳定性计算）是否符合规范和标准要求。

（2）审查制造或者配套零部件的各项检查、试验记录、报告、合格证明是否齐全并符合设计要求。

（3）查阅主要受力结构件所用的材料的质量证明，检查材料的规格、化学成分、力学性能是否符合设计文件和相应标准规定。

**（二）样机检查**

（1）对照技术文件检查样机结构型式与设计文件是否一致，产品铭牌、安全标志等是否符合规定。

（2）测量样机的主要尺寸是否符合设计文件和产品标准。

（3）检查抱杆的杆体、钢丝绳、滑轮、连接螺栓、连接销轴、连接铆钉、起升机构、变幅机构、回转机构等主要受力结构件、主要零部件、工作机构和操纵机构是否符合有关规定。

（4）检查抱杆杆体外观是否满足以下要求：

1）焊缝外部不得有目测可见的裂纹、孔穴、固体夹焊、未熔合和未焊透。

2）主要受力结构件的对接焊缝应符合设计要求并按规定进行探伤。

3）铝合金抱杆法兰与主材、主材与斜材之间贴合紧密，铆钉头部应完整，不得有松动及铆偏现象。

4）抱杆镀锌层厚度要均匀，表面色泽光亮，不允许有起皱、腐蚀、斑点等缺陷。

（5）按照设计文件规定进行标准节的组装，检查标准节是否具有互换性，各连接接头是否安全可靠。

（6）结构整体组装后，检查连接面是否紧密和杆体整体直线度是否符合要求。

（7）具有腰环的抱杆应检查腰环能否顺利通过杆体。

（8）在电源接通前，对电气设备进行绝缘试验（测量），检查主回路、控制电路、所有电气设备的相间绝缘电阻和地绝缘电阻，其值不得小于 $1.0M\Omega$。非电力驱动抱杆不检查此项。

**（三）样机试验**

（1）抱杆样机试验分为整机试验和分部试验两种方式。整机试验指将抱杆所有部件组装、连接完成后按照设计工况进行竖立式试验。分部试验指将抱杆杆体、驱动装置、附件等主要受力结构件、主要零部件、工作机构和操纵机构各部件分别按照设计工况的要求进行试验。

（2）抱杆宜采用整机试验，单抱杆及人字抱杆可采用分部试验，摇臂抱杆必须采用整机试验。

（3）抱杆试验载荷误差为±1%。

（4）抱杆整机试验应在专用试验场内进行，场内应有安全管理措施，试验时抱杆杆体应搭设临时拉线以防倾倒。如果必须在制造单位内或使用现场进行，则制造单位或者使用现场必须满足试验所要求的条件。

（5）抱杆整机试验的安全范围为以抱杆杆体为中心，半径大于抱杆顶部距地面高度的1.2倍的圆型区域外。

（6）抱杆杆体部件试验可在专用的试验装置上进行平卧式受压试验，试验时杆杆体下方应垫弹性或可灵活滚动的支垫，支点应不少于2处。

（7）抱杆所有部件组装、连接完成后进行整机试验，试验前应检查抱杆是否具有可靠的接地装置，拉线是否具有防止意外松动的装置。

（8）抱杆整机试验按照标准DL/T 319—2010中6.4～6.8进行试验，抱杆分部试验参照执行。

（9）样机按设计工况试验完成后，可根据客户要求进行实际工况试验。

（四）空载试验

在空载条件下，按照设计要求，操作各工作机构进行动作，并且试验各行程限位装置，各项试验重复进行不少于3个循环，检查以下内容是否符合要求：

（1）运转符合规定，各机构动作平稳，无爬行、震颤、冲击、过热、异常噪声等现象。

（2）控制系统动作可靠、准确。

（3）各连接、固定部位无松动。

（五）额定载荷试验

按照设计的额定载荷和要求，动作各工作机构，在全部工作行程内进行不少于3次的正常制动，并且至少重复进行3个循环。除检查其是否符合DL/T 319—2010中6.3项的各项要求外，还应当检查以下内容是否符合要求：

（1）零件无可见裂纹、无残余变形或者超过设计许可的变形。

（2）制动器制动操作灵活、制动可靠。

（3）噪声在允许范围内。

（六）静载试验

（1）在1.25倍、1.5倍额定载荷下，分别按照设计规定的工况，试验方法和要求进行试验。保持加载10min后，检查以下内容是否符合其要求：

1）零件无可见裂纹、无残余变形或者超过设计许可的变形。

2）固定连接处以及紧固件无松动。

（2）对于单抱杆，应采用中心受压进行变形测量，检查以下内容是否符合要求：

1）抱杆在 1.25 倍额定载荷过载试验时，其横向变形不得超过 $L/600$，$L$ 为抱杆长度。

2）抱杆在 1.5 倍额定载荷过载试验时，其横向变形不得超过 $L/500$，$L$ 为抱杆长度。

3）需方有特殊要求时，抱杆可做偏心压力试验，偏心载荷达到偏心额定载荷的 1.25 倍时，其横向变形不得超过抱杆全长的 3‰。

4）其他类型抱杆变形测量可参考以上要求。

（3）可回转式抱杆在 1.25 倍额定载荷过载试验时，应进行回转制动试验。

（4）具有不平衡起吊能力的摇臂抱杆应进行 1.25 倍额定不对称力矩起吊试验。

（七）可靠性试验（连续作业试验）

对新设计、新制造、首次投入使用的，或者根据 GB/T 3811 确定的整机工作级别大于或者等于 A4 的样机，应当按照以下要求进行连续作业试验：

（1）试验载荷不低于 0.7 倍的最大额定载荷，在相应的幅度，起升高度不小于 10m 或最大起升高度的 50%（具有回转功能的抱杆应回转 180°或最大回转角度，然后回转到原位，具有变幅功能的抱杆应在相应的幅度范围内往返变幅一次），吊重下降到地面，这一作业过程为一个作业循环。

（2）连续作业循环数不少于 30 个，中途因故停机，应当重新计算循环数。

试验后检查各部件无损坏现象。

（八）结构强度试验

对新设计的抱杆，应根据设计文件确定的主要结构件的最大应力区域，对其进行应力测试，然后提出分析意见，出具试验报告。试验报告的编写可参考 DL/T 319—2010 附录 A《架空输电线路施工抱杆试验报告》。

四、检验规则

（1）凡是用于抱杆总装的所有部件、组件和零件，需由质检部门检验合格。抱杆经质检部门逐副检验，并做好记录存档备查，合格后方能出厂，并附产品合格证。

（2）抱杆的检验分出厂检验和型式检验。

（3）出厂检验。抱杆的出厂检验项目为标准 DL/T 319—2010 的第 6 节中除 1.5 倍载荷试验的所有规定的内容。试验合格后，由质检部门进行外观检查。抱杆的外观及表面用目测、手感方法检查，保证整机出厂的完整性和美观性。

（4）型式检验。

1）抱杆在下列情况下进行型式检验：

a. 新产品试制进行定型鉴定时；

b. 正式生产后，如结构、材料、工艺有重大变动，可能影响产品性能时；

c. 停产两年，恢复生产时；

d. 批量生产后，每三年应进行一次。

2）型式检验项目为标准 DL/T 319—2020 的第 6 节中全部内容。

3）型式检验的产品应在出厂检验合格的产品中抽取，每次抽取 1 副。检验中如发现 1 项不合格时，应加倍取样，对不合格项目进行复检。如仍不合格时，则判定本次型式检验不合格。

**五、标志、包装与贮存**

（1）抱杆应在主要部件、组件的明显位置固定产品铭牌，其要求应符合 GB/T 13306 中的规定，标牌应包括下列内容：

1）产品型号和名称。

2）额定载荷（单抱杆应标定许用轴心压力，摇臂抱杆应包括额定不对称力矩）。

3）生产日期及产品编号。

4）制造厂名称。

5）外形尺寸。

6）整机重量。

7）特种设备制造许可证号。

（2）包装。

1）抱杆及其零部件的包装标志应符合 GB 191 的规定，也可根据合同要求提供其他形式的包装。

2）装箱单应与实物相符，其中应有产品编号、箱号、箱内零部件名称与数量、质量、连接件使用部位、发货日期、检验人员的签字。

3）重要零部件应有标识，如标牌、标签等。标牌、标签应牢固清晰。

4）制造单位应向用户提供下列技术文件：

a. 产品合格证、型式试验合格证；

b. 使用说明书；

c. 装箱单（含各部件、组件名称、外形尺寸及重量）；

d. 随机备件和附件工具清单；

e. 易损件清单。

5）使用说明书应符合 GB 9969.1 的规定。

（3）贮存。

1）抱杆应防止日晒雨淋和酸、碱、盐等的腐蚀。

2）抱杆贮存时应摆放整齐，堆放高度不宜超过标准节长度，并不得在抱杆中部放置重物，保证抱杆杆段不发生弯曲变形和损坏。

3）铝合金抱杆堆放时宜在每层标准节间均匀垫加软质填充物，以防磨损。

【思考与练习】

1. 抱杆起重系统检查验收总体原则有哪些？
2. 抱杆起重系统检查验收方法及要求有哪些？

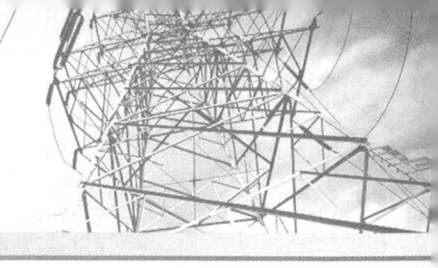

# 第二章

# 抱杆起重系统吊装作业

## ▲ 模块1 落地式抱杆起重系统吊装作业（Z47E2001Ⅱ）

【模块描述】本模块介绍落地式抱杆起重系统吊装的内容。通过吊装过程详细介绍，熟知落地式抱杆起重系统吊装的操作、安全要点。

【模块内容】

落地式抱杆起重系统吊装作业包括吊装构件前的准备工作、塔腿吊装、塔身吊装、酒杯型铁塔曲臂吊装、横担吊装。

一、落地式四摇臂抱杆起重系统吊装作业

（一）吊装构件前的准备工作

（1）竖立的抱杆应垂直于地面，各道腰环中心应与抱杆轴心线相重合，收紧并固定各道腰拉线。

（2）起平衡作用的对侧摇臂的起吊滑车组应拉至地面，通过钢丝绳套挂在塔脚上，示意如图2-1-1所示。钢丝绳套的夹角$\beta$应不大于90°。起吊滑车组的牵引绳应通过机动绞磨收紧，使抱杆顶向起吊反侧偏移200～300mm，以控制在起吊构件过程中向起吊侧偏移不超过100mm。

图2-1-1 起吊滑车组与塔脚的连接示意图

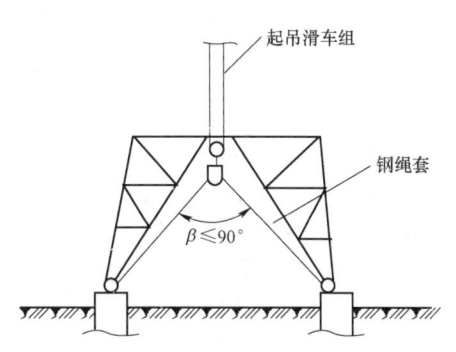

（3）与起吊构件摇臂相垂直的两根摇臂应平放，由保险绳受力。其起吊滑车组应收缩至最短状态，下方连接一条钢丝绳及钢丝绳套挂在塔脚上。起吊滑车组尾绳应串接双钩并收紧固定。

（4）起吊侧及对侧摇臂的变幅滑车组应收紧，其尾绳通过双钩挂于抱杆底座。

（5）调整抱杆应由测工用经纬仪配合监视。

(二) 塔腿的吊装

1. 塔腿的吊装现场布置

塔腿吊装的现场布置示意如图 2-1-2 所示。

2. 吊装塔腿的布置要求

(1) 应沿基础对角线方向在抱杆顶设置 4 条落地拉线，拉线下端固定于桩锚或地锚。

(2) 吊装的塔腿片质量应不大于 1500kg。若超过时可按单腿单面或单件起吊。

(3) 吊件的下端应设置攀根绳，以控制其拖移。

(4) 吊装塔腿片的两吊点绳应等长，吊点绳间夹角应不大于 120°。

3. 吊装塔腿的操作要点

(1) 吊装塔腿前，应将受力侧拉线收紧，起吊对侧的起吊滑车组应收紧，且挂在铁塔基础或地锚上。

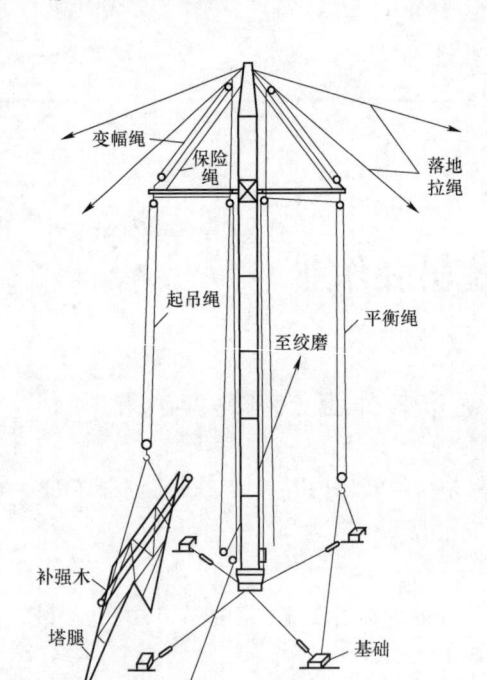

图 2-1-2 塔腿吊装的现场布置示意图

(2) 开始起吊时，应注意塔腿拖移处有无障碍物挂住，注意抱杆是否正直。

(3) 塔腿片吊离地面后，应慢慢松出攀根绳，使其靠近塔基。

(4) 塔腿片接近就位时，应用撬杠推至基础上就位。一侧塔片或一根构件就位后，应通过其顶端的两条临时拉线在外侧固定。临时拉线用 $\Phi$11mm 钢丝绳或 $\Phi$20mm 棕绳。

(5) 一侧塔片就位后，再吊对侧塔片，最后帛装另外两侧面的辅材。塔腿四个侧面的辅材安装完毕，拆除塔腿外侧临时拉线。

(6) 塔腿全部吊装完成后，应检查抱杆高度是否还能继续吊装塔身段。如果抱杆高度满足要求，可继续吊装塔身；如果不满足要求，应做提升抱杆的准备。

塔腿吊装完毕后应立即将接地装置与塔腿连接。

(三) 塔身的吊装

(1) 塔片吊装前，对侧摇臂应平放，将其起吊滑车组拉下并收紧，起平衡拉线的作用。

(2) 吊装前，应检查塔片组装位置是否在起吊侧摇臂的下方或允许的偏离范围内。塔片吊离地面时，起吊滑车组中心与吊件铅垂线间夹角应不大于 5°，其最大允许偏出距离见表 2-1-1。

表 2-1-1　　　　　　　　允许塔片最大偏出距离　　　　　　　单位：m

| 摇臂吊点高度 | 18 | 20 | 25 | 30 | 35 | 40 | 50 |
|---|---|---|---|---|---|---|---|
| 允许偏出距离 | 1.40 | 1.75 | 2.19 | 2.62 | 3.06 | 3.50 | 4.37 |

（3）如果塔片偏离摇臂下方超出表 2-1-1 规定时，应采取措施将吊件在地面垫圆木后进行平面移动，以满足允许偏出距离要求。

（4）根据塔片就位的需要，将吊点绳绑扎在塔片的内侧或外侧。

（5）根据塔片就位后与塔位中心的距离，通过变幅滑车组尾绳调整摇臂的倾斜角度，以满足塔片就位需要。

（6）起吊塔片过程中，攀根绳及调整绳应处于松弛状态。同时应监视塔片不得碰撞或挂住已组塔架。

（7）起吊塔片过程中，应使用经纬仪随时监视抱杆顶的偏移状态，最大偏移值宜限制在 50ram 内；监视抱杆最上一道腰环处不得有弯曲现象。必要时应暂停牵引进行调整，始终使抱杆保持正直状态。

（8）当塔片接近就位时，通过变幅滑车组调整使其就位，不得用压迫攀根绳的方法调整塔片就位。就位时按先低后高的原则进行主材对孔；螺孔对准后，用尖扳手插孔后再依次穿入螺栓。塔片主材连接后，应及时安装侧面大斜材，使塔片成为稳定结构。

（9）起吊塔片前，起吊滑车组与吊点绳连接处应另挂一条回抽钢丝绳。当塔片就位后，拆除吊点绳，松出绞磨绳，将回抽钢丝绳引入绞磨进行回牵，将起吊滑车组拉至地面。

（10）第一副塔片吊装完成后，应将其摇臂平放，并将该起吊滑车组拉茎地面，作平衡拉线使用。对侧的平衡摇臂改作起吊摇臂用，吊装另一侧塔片。

（11）如果塔身段断面边宽尺寸小于 4m，且起吊重力不超过 15kN 时，可将该段组成一节不封口的塔段进行起吊。起吊时，开口向外，就位时通过控制绳使开口转向内，就位后补齐开口面辅材。

（四）酒杯型铁塔曲臂的吊装

（1）对于不同电压等级的酒杯型塔，其曲臂质量不相同，选择吊装方法也不尽相同。一般隋况下，220kV 线路酒杯型塔单边上下曲臂质量平均不超过 1.5t，因此，可以采取曲臂整体吊装；500kV 线路单边上下曲臂质量为 2t 左右，不宜整段吊装，将上、下曲臂分段吊装。

（2）吊装曲臂前，线路方向的前后侧摇臂应平放且起平衡作用，两摇臂端各悬挂一条钢丝绳在塔脚处适度收紧。

（3）曲臂吊装均采用横线路方向摇臂。若为整段吊装时，吊点绳宜绑扎在立体结构内侧的上下曲臂 K 形节点处，使曲臂呈斜向提升，示意如图 2-1-3 所示。

（4）曲臂若采用分段吊装时，下曲臂吊点绳宜绑在其重心的中心线位置，使曲臂下平面呈水平提升，待提升到设计高度后，通过变幅滑车组将摇臂缓慢上扬，直到下曲臂至就位位置，再松出起吊绳。上曲臂吊点绳宜绑扎在其内侧，呈竖直提升。一般情况下，上曲臂质量均在 1t 以下，允许用控制绳适当收紧使其就位。

（5）下曲臂主材就位时，应先将内侧一根长主材对孔装上螺栓，再缓慢松出起吊绳，安装外侧主材。最后将内侧一根短主材用钢丝绳套及双钩收紧于塔身平口主材。下曲臂形成稳定结构后，再吊装另一侧下曲臂。

（6）上下曲臂全部安装完毕，应在其上部用钢丝绳和双钩适度拉紧，保持上曲臂开口距离与设计图纸相一致，以方便横担就位，示意如图 2-1-4 所示。

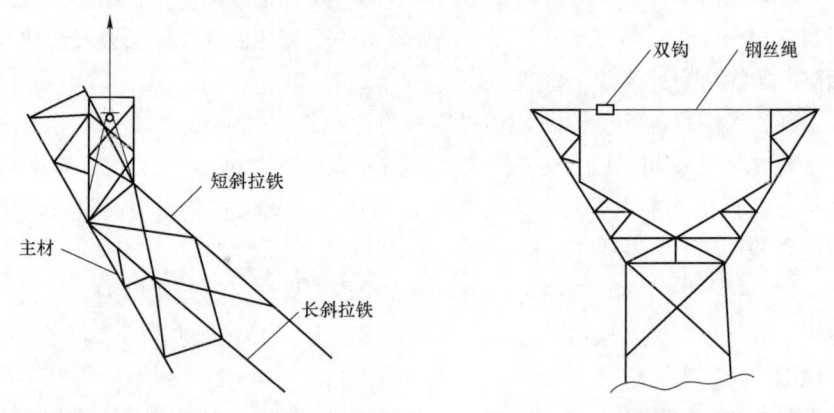

图 2-1-3　整体吊装上下曲臂的吊点绳绑扎方式示意图　　图 2-1-4　上曲臂开口的加固钢丝绳

（五）横担的吊装

（1）由于塔型不同，横担吊装布置也不相同。对于酒杯型塔、猫头型塔的横担，应在顺线路方向分片吊装；对于干字型塔及双回路铁塔（鼓型或伞型塔）的上横担及单回直流线路的横担可以顺线路分片吊装或横线路方向分段吊装。吊装方法同内悬浮内拉线抱杆起重系统。

（2）对于 500kV 双回直线塔及 ±500kV 单回直线塔，其单边横担长度为 8～12m，有两种吊装方式：① 竖向旋转吊装；② 水平吊装。

当采用横线路方向竖向旋转吊装横担时，提升至塔顶时，先加固钢丝绳将横担上平面主材与塔头主材对孔安装两个螺栓（露扣不拧紧）作为旋转轴，调整变幅滑车组使摇臂放平，再松出起吊绳，旋转横担呈水平状态，安装横担下平面主材与塔头主材连接螺栓，内悬浮内拉线抱杆起重系统吊装作业如图2-2-5所示。

当采用横线路方向水平吊装，即将横担一次吊装就位。

（3）对于酒杯型及猫头型塔，顺线路方向分片吊装横担时，吊装前，应将摇臂，向上收拢，以方便横担就位。当一片横担安装就位后，将摇臂平放作平衡臂使用。然后，吊装另一片横担就位，再将两片横担间的辅材连接。最后松出起吊滑车组。分片吊装横担的补强措施可参考内悬浮内拉线抱杆起重系统吊装作业，如图2-2-7所示。

（4）顺线路分片吊装横担时，左、右侧摇臂应平放，两摇臂端各悬挂一条钢丝绳在塔脚处适当收紧。

（六）起吊滑车组的变向处置

由于酒杯型铁塔曲臂必须在横线路方向吊装，而横担要求在顺线路方向分片吊装，又只有两套起吊滑车组（另两套未装）。此种情况需要在曲臂吊装完毕，将起吊滑车组由横线路转至顺线路方向（简称变向处置）。变向处置有两种办法：一种是将起吊滑车组移位，即由横线路方向摇臂端移至顺线路方向摇臂端，由塔上作业人员完成；另一种是在地面将抱杆旋转90°，此方法应将腰拉线的腰环改换成钢丝绳套，利用撬杠转动抱杆，转动到位后再恢复腰环。后一种方法操作较为烦琐。

二、落地式双摇臂外拉线抱杆起重系统吊装作业

构件吊装按先塔腿、再塔身、最后塔头的顺序进行。每吊装一段后应检查抱杆高度是否满足下一次吊装塔片的要求，若满足，则继续吊装；若不满足，则提升抱杆后再吊装，直至铁塔全部吊装完毕。构件的吊装方法与落地式四摇臂抱杆起重系统吊装作业基本相同，此处重点介绍不同的地方。

（一）塔腿的吊装

1. 吊装塔腿前的准备工作

（1）抱杆应调直，抱杆底座的四角钢丝绳及抱杆顶的四侧外拉线应收紧固定。

（2）塔腿的组装应符合据设计图纸要求，且应组装在规定位置。地脚螺母应按设计规定配齐并组装合格。

（3）如果是分片吊装，吊点处应用圆木或钢管进行补强，防止塔片变形。

（4）如果仅用一侧摇臂吊装，则另一侧摇臂的起吊滑车组下方应挂一条钢丝绳与铁塔基础或地锚连接收紧后作为平衡拉线。

（5）摇臂应根据吊装塔腿的就位需要调整方位及仰角。

## 2. 吊装塔腿的现场布置

（1）当塔腿主材较重采取单件吊装时，布置示意如图2-1-5所示。

（2）当塔腿主材较轻采取两片塔腿同时吊装时，布置示意如图2-1-6所示。

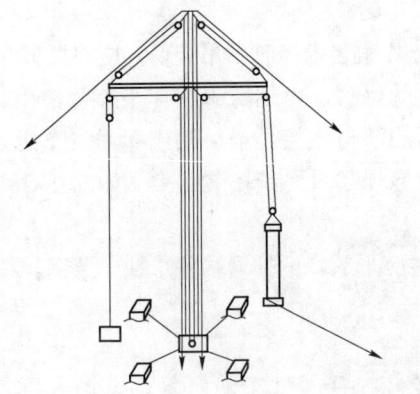

图2-1-5 单件单侧吊装现场布置示意图　　图2-1-6 双侧塔片吊装现场布置示意图

## 3. 单件塔腿主材吊装的操作要点

（1）吊装前应将摇臂调整至铁塔基础对角线方向。

（2）单件主材下部的攀根绳应适当收紧，防止主材触碰基础或大幅摇摆。

（3）当主材吊离地面后，应使主材下端对准基础地脚螺栓。就位后立即装上螺母并拧紧。

（4）主材外侧应设置一条$\varPhi$11mm钢丝绳做钎拉线。主材就位后，外拉线应固定于角铁桩或地钻，以防向内侧倾斜。

（5）当对角两根主材吊装完毕后，应调整摇臂至另一方向对角线，再分别吊装该对角线的两根主材。

（6）全部主材就位后应调整摇臂至横线路方向和顺线路方向，吊装四个侧面辅材。辅材应整片吊装或者单根逐一吊装，直至全部辅材安装完毕。塔腿吊装完毕，应立即将接地线与主材连接。

## 4. 塔腿两侧塔片同时吊装的操作要点

（1）吊点绳的绑扎点必须高出塔片重心高度1m以上。绑扎点平面应用$\varPhi$150mm圆木或$\varPhi$100mm钢管进行补强。补强方式示意新增模块如图2-1-7所示。

（2）按现场布置图（见图2-1-6）将各索具布置后，攀根绳应当收紧。

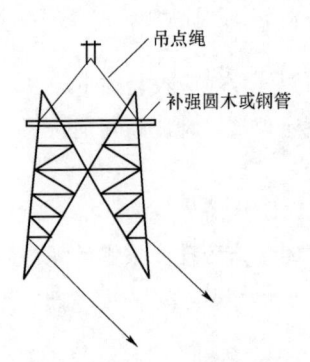

图2-1-7 塔片补强示意图

（3）启动绞磨，将塔片头部吊离地面 0.5~0.8m 后，应暂停牵引。对抱杆及各连接部位进行检查，无异常后，再继续起吊。

（4）起吊过程中，应控制两台机动绞磨牵引速度基本一致。塔腿的两侧塔片应同时吊离地面、同步就位。

（5）起吊过程中，应随时监视抱杆有无偏斜，必要时应暂停牵引进行处理。

（6）塔片下端将要离开地面时，应控制攀根绳，防止塔脚碰撞基础。两侧塔片均已就位且安装地脚螺母后，在外侧挂上$\Phi$11mm 钢丝绳临时拉线，防止内倾。

（7）调整摇臂方向，吊装顺线路方向前后面的辅材，直至全部塔腿吊装完毕。松出起吊滑车组，将接地线与主材连接。

（二）塔身的吊装

1. 吊装塔身前的准备工作

（1）检查抱杆高度是否满足吊装塔身的要求。

（2）抱杆应调直，四侧外拉线应收紧固定。

（3）应视塔段重量采取分件或分片吊装。

（4）分片吊装时，塔片吊点处应进行补强，示意如图 2-1-7 所示。

（5）应根据塔身断面尺寸，调整摇臂仰角，方便塔片就位。

（6）如果仅用一侧摇臂吊装塔片时，另侧摇臂的起吊滑车组下方应挂一条钢丝绳与地锚连接作为平衡拉线。

（7）抱杆在塔架内应设置不少于 2 道腰拉线加以固定，腰拉线垂直间距不应大于 12m，最上一道腰拉线应位于已组塔架有大水平材的平面内。

2. 吊装塔身的操作要点

吊装塔身的操作要点与落地式四摇臂抱杆起重系统吊装塔身吊装要求相同。

（三）酒杯型塔曲臂的吊装

1. 准备工作

（1）应根据曲臂的重量选择整体吊装或上、下曲臂分段吊装，也可以采用单侧吊装或双侧吊装。

（2）如果上下曲臂整体吊装，吊点绳宜用倒 V 字形钢丝绳绑扎在曲臂的 K 节点处或构件重心的上方 1~2m 处（见图 2-1-8）。

（3）吊点处的塔片强度应满足吊装安全要求，必要时应进行补强。

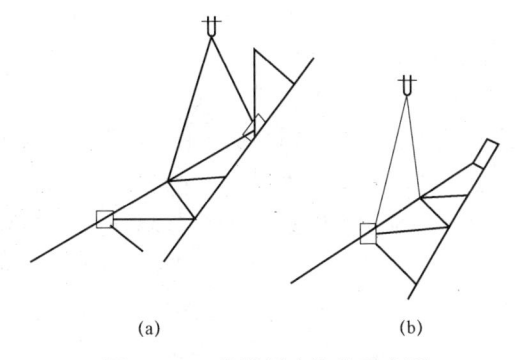

图 2-1-8 曲臂吊点绑扎示意图
（a）曲臂整体吊装；（b）下曲臂吊装

(4) 下曲臂下端为不稳定结构，吊装前应进行加固补强，使其成为稳定结构。

(5) 吊装下曲臂的吊点绳长度应进行计算，以满足曲臂吊离地面后与设计倾斜角度基本一致。

2. 吊装曲臂的吊点绑扎

吊装曲臂及下曲臂的吊点绑扎示意如图 2-1-8 所示。

3. 吊装曲臂的操作要点

吊装曲臂的操作要点与分片吊装塔腿操作要点相同。

（四）横担的吊装

1. 酒杯型铁塔横担的吊装

（1）吊装前，应将摇臂调整至顺线路方向，收紧调幅滑车组使其向上仰起。

（2）当横担长度为 30m 左右（500kV 酒杯型塔）时，可先将横担分前后两片吊装，在高空进行合龙并补装上下平面辅材。

（3）当横担长度为 50m 左右（1000kV 酒杯型塔）时，可先将中横担分前后两片吊装完成，再利用地线支架或辅助横担吊装边横担。

2. ±800kV 线路直线铁塔横担的吊装

（1）可将横担分为近塔身段和远塔身段进行吊装。

（2）近塔身段吊装有两种布置方式：摇臂顺线路方向布置，则前后分片吊装；摇臂横线路方向布置，则左右分片吊装。

（3）远塔身段可利用地线支架或辅助横担进行吊装。

3. 干字型铁塔横担的吊装（同时适用于双回直线塔横担）

（1）干字型铁塔横担的吊装，应先吊地线横担，后吊导线横担。

（2）地线横担的吊装有两种布置方式，即前后分片吊装和左右分段吊装。

（3）导线横担的吊装有两种布置方式：① 摇臂的起吊滑车组直接吊装；② 利用地线横担吊装导线横担。

4. 吊装横担的注意事项

（1）采取分片吊装横担时，横担平面应用圆木或钢管进行补强，防止弯曲变形。

（2）采取利用地线支架或地线横担吊装边横担或导线横担时，地线支架或地线横担的强度应进行验算，以满足吊装横担的安全要求。

（3）若采用左右段横担竖直旋转吊装法时，其作为旋转轴的螺栓强度应满足强度要求。

三、落地式双摇臂内拉线抱杆起重系统吊装作业

（一）构件吊装的基本要求

（1）两侧对称起吊时，单侧吊重不得超过 8t。两侧吊件重量应基本相等，两侧摇臂仰角应基本相同，两侧吊件应同步离地、同步就位。

（2）如果单侧起吊构件时，吊重不得超过 8t，且另侧摇臂以吊重侧摇臂相同的仰角将起吊绳固定于地面（地锚）作为平衡拉线。

（3）构件应尽量在横、顺线路方向组装，并靠近塔基，便于起吊。

（4）构件将要离地时，应收紧控制绳，避免构件碰撞已组塔架。

（5）当摇臂长度大于塔架半根开时，控制绳在起吊过程中不应受力，但应适度收紧以控制旋转。

（6）当构件达到就位高度后，通过旋转摇臂和调整摇臂仰角缓慢松出起吊绳使构件就位。

（二）吊装塔身主材构件

（1）吊装塔身构件的现场布置示意如图 2-1-9 所示。

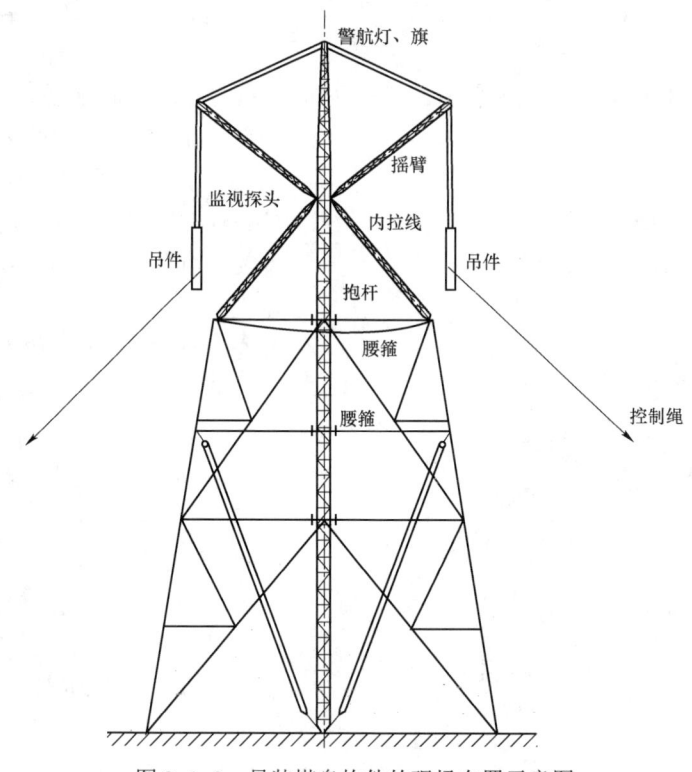

图 2-1-9　吊装塔身构件的现场布置示意图

（2）吊装塔身主材前，应根据构件摆放位置，将摇臂平放且对准构件，避免构件触碰已组塔架。

（3）在主材钢管的法兰上按塔心方向做好标记。吊点绳应通过专用吊具与主材法兰盘连接。

　　(4) 对称起吊时，两侧构件应同时受力，同步离地，同步就位。当构件起吊至适当高度应暂停起吊，启动转向装置，将构件转到就位方向。

　　(5) 主材就位时，应在主材法兰接头塔心内侧塞楔形钢板（横、顺线路方向各塞 1 块）。塔心外侧的连接螺栓应紧固，塔心内侧的连接螺栓应适度紧固。

　　(6) 安装连接螺栓的塔上作业人员应站在工作平台上，且应有两道安全保护措施。第一道是安全带直接挂在法兰盘的筋板上，第二道是安全自锁防坠器挂于导索上。

　　(7) 主材就位后，拆除吊点绳且落至地面，再吊挂另一段主材，直至全段主材吊装完毕。

（三）吊装塔身辅材

　　(1) 水平材的吊装。采用摇臂抱杆吊装水平材应采用双侧对称起吊。就位时，如果主材间根开偏大，水平材一端就位后，可取出相应的楔形钢板，必要时，可用加长的法兰螺栓穿入拧紧，使两主材向内收拢。

　　(2) 交叉斜材的安装。交叉斜材的吊点绳布置及补强方式示意如图 2-1-10 所示。

　　按图 2-1-10 将吊点绳及补强钢丝绳绑扎后，测量交叉斜材的上、下端开口尺寸应与设计图纸一致。

　　交叉斜材在吊离地面时应顺直，否则应放下调整。

　　当交叉斜材提升到就位高度后，应调整变幅滑车组使交叉斜材移到合适的就位位置。先就位下端连接螺栓，再安装上端接头螺栓，直至全部接头螺栓紧固后方可拆除吊点绳及补强钢丝绳。

（四）吊装塔头构件

　　各种不同的塔型，应视塔头结构尺寸及重量选择分片、分段吊装顺序及次数。下面以 500kV 双回直线塔为例介绍塔头吊装顺序及方法。

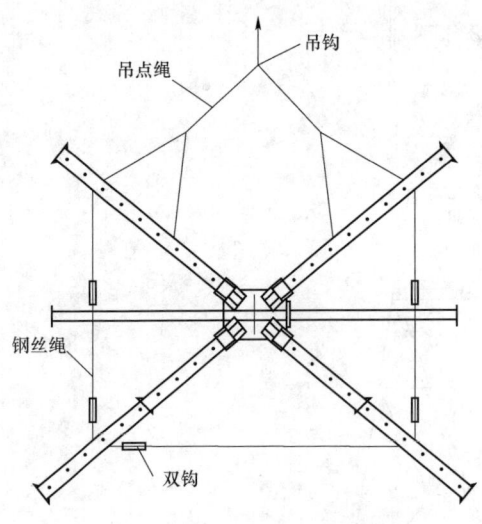

图 2-1-10　交叉斜材的吊点绳布置及补强方式示意图

　　(1) 500kV 双回直线塔塔头尺寸示意如图 2-1-11 所示。

　　(2) 吊装塔头构件的顺序：吊装上导线横担——吊装地线顶架——吊装下导线横担——拆除抱杆。

　　(3) 根据塔头尺寸及重量计算吊装各段重心位置，以便绑扎吊点绳。图 2-1-11 所示的塔头横担的各段重心示意如图 2-1-12 所示。

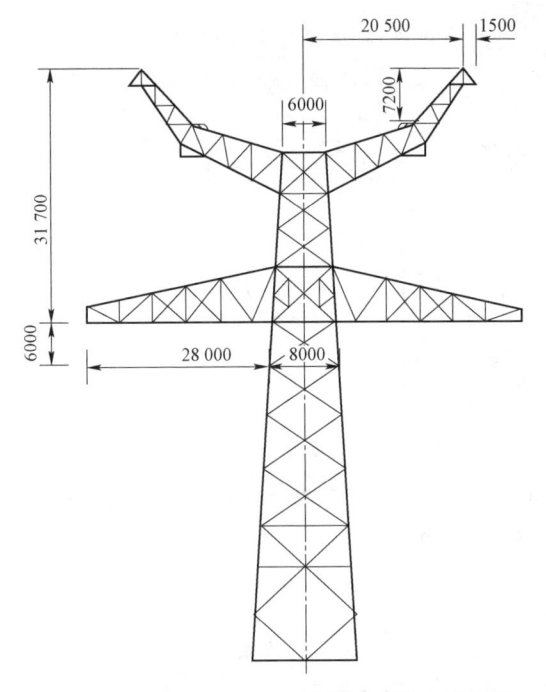

图 2-1-11  500kV 双回直线塔塔头尺寸示意图

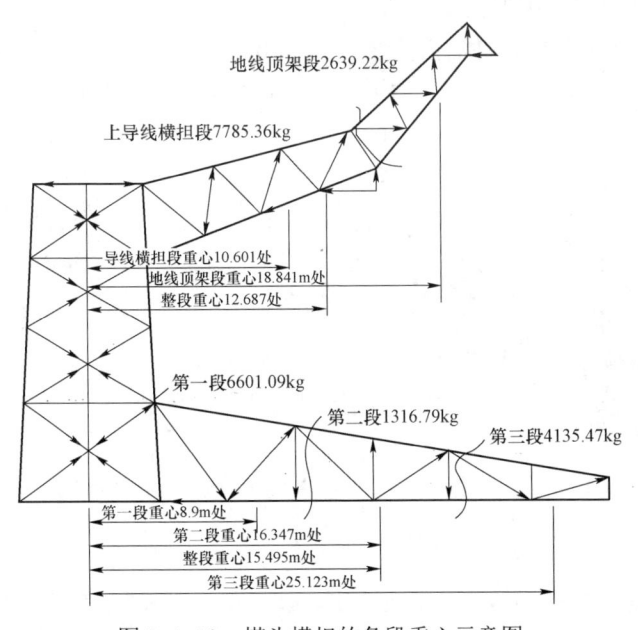

图 2-1-12  塔头横担的各段重心示意图

（4）导线横担及地线顶架按图 2-1-13 所示进行平面布置。

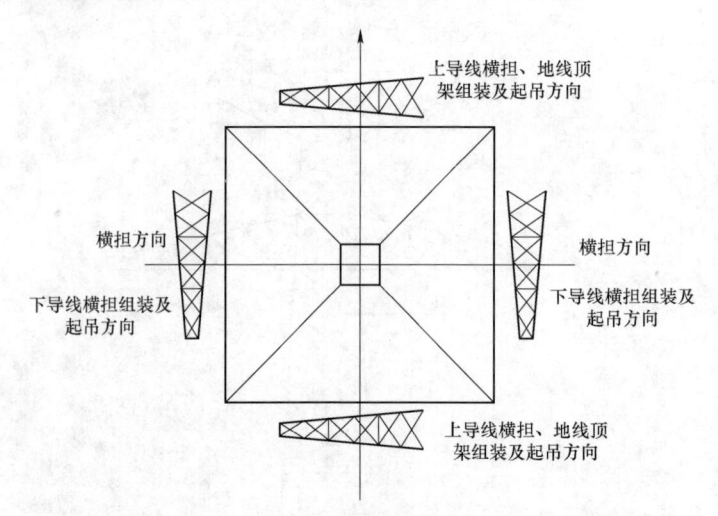

图 2-1-13　导线横担及地线顶架的平面布置示意图

（5）导线横担及地线顶架在地面组装的要求。

1）组装前在地面画出横、顺线路方向中心线及每段横担中心线。组装时尽可能使横担重心位于线路中心线附近。

2）组装场地应操平，并沿横担下平面轮廓线布置道木。道木位于每根塔材两端，以不妨碍法兰连接操作为原则。组装前应准备适当数量的厚木板（厚 20mm），供组装调直用。

3）下导线横担应组装成立体结构。先装底平面，再用吊车配合，组装两侧面和顶面；上导线横担及地线顶架分别组装成两段立体结构，先组装导线横担部分，再组装地线顶架部分。上导线横担及地线顶架组装时应注意在上导线横担及地线顶架端头的地面挖坑，以方便挂点塔材的安装，示意如图 2-1-14 所示。

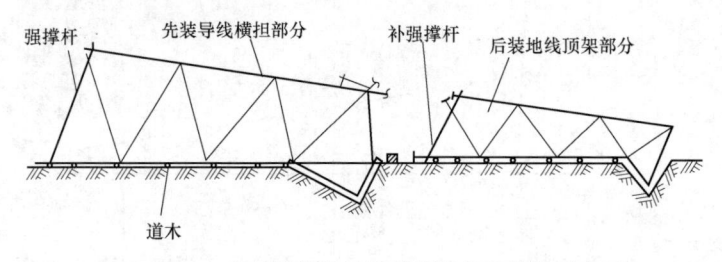

图 2-1-14　上导线横担及地线顶架组装挖坑示意图

4）组装完毕应复核塔头构件尺寸，符合设计图纸无误后复紧全部法兰连接螺栓。

（6）吊装上导线横担及地线支架。

1）吊装上导线横担及地线支架布置示意如图2-1-15所示。

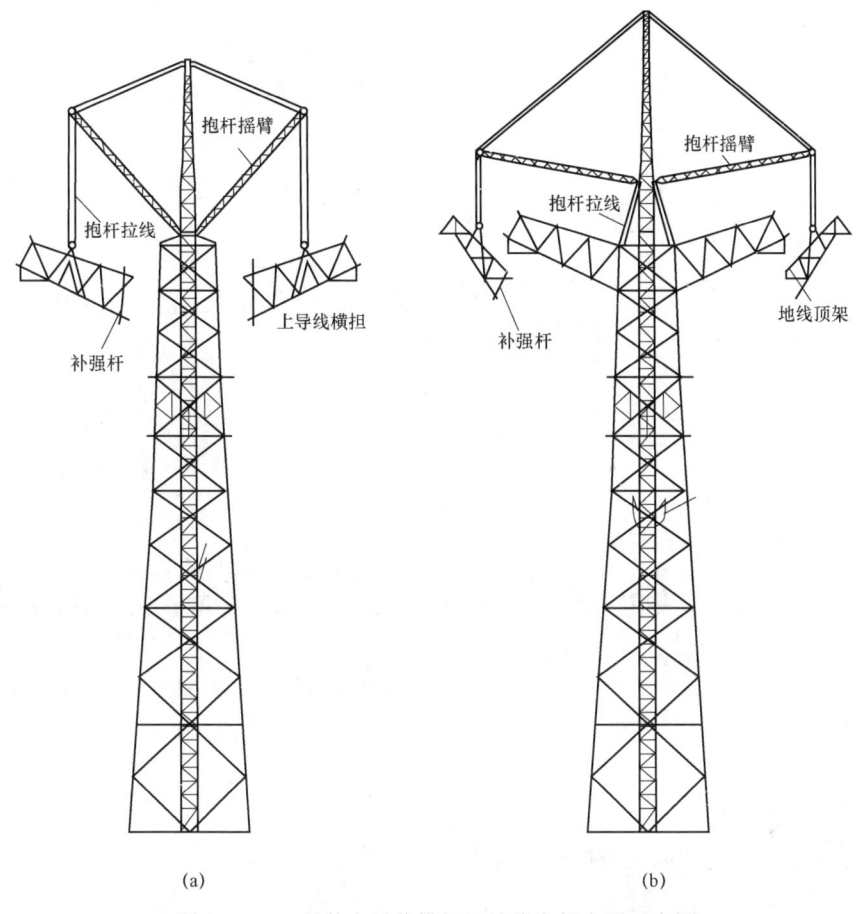

图2-1-15 吊装上导线横担及地线支架布置示意图
(a) 吊装上导线横担；(b) 吊装地线顶架

2）吊点绳应绑扎在上导线横担及地线顶架的上平面，靠近塔心侧的吊点绳应串接链条葫芦，以便调整。

3）起吊前抱杆摇臂应向上收起，使起吊绳对准上横担的重心。待上横担、吊点绳拴好后行进行试吊。检查就位处横担断面尺寸，并调整吊点绳和补强绳，使上横担在起吊过程中设计方位基本一致。

4）开始起吊时应控制攀根绳，确保横担不碰塔身。当上横担吊起到一定高度时用攀根绳控制，将横担自身旋转90°与就位方向一致，再慢慢起吊横担。在横担不碰塔身的原则下可将攀根绳放松。吊至设计高度后，进行就位安装。

5）吊装地线顶架前，应将摇臂放平。吊点绳绑扎后应进行试吊。按吊装上横担的操作顺序完成地线顶架吊装。

（7）吊装下导线横担。

1）吊装下导线横担布置示意如图 2-1-16 所示。如果下横担质量为 8t 以下时，直接用摇臂起吊；如果下横担质量超过 8t 时，应将横担分段起吊。

2）上导线横担及地线顶架吊装完毕后，将摇臂向上收起，使起吊滑车对准下导线横担段的重心。利用两套起吊系统对下横担进行对称起吊。

3）吊点绳绑扎在下平面主材上，收紧后再在上平面主材上绕一圈后抽出。

4）下横担吊点绳拴好后先进行试吊。检查就位处横担断面尺寸并调整吊点绳和补强绳，使横担在起吊过程中与设计方位基本一致。

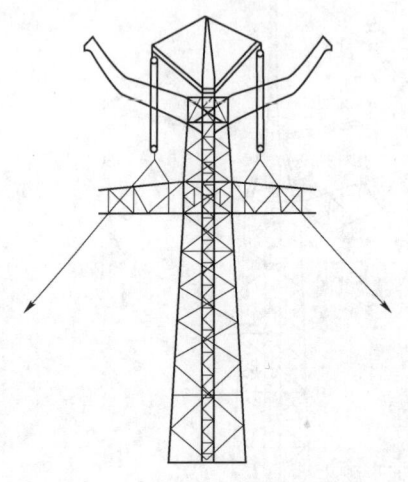

图 2-1-16　吊装下导线横担布置示意图

5）开始起吊时，应控制攀根绳，确保横担段不碰塔身。当横担段吊起到一定高度，在横担不碰塔身的原则下可将攀根绳放松。吊至设计高度后，进行就位安装。

（8）吊完靠近塔身的下横担段后，回牵起吊绳及吊钩，待吊钩高于上横担后，再次调整摇臂，吊装下横担边段，直至全部构件吊装完毕且将塔头构件各部位连接螺栓复紧。

【思考与练习】

1. 试简述座地式四摇臂抱杆起重系统吊装塔腿操作要求。
2. 试简述座地式双摇臂外拉线抱杆起重系统吊装塔腿准备工作。
3. 试简述落地式双摇臂内拉线抱杆起重系统构件吊装的基本要求。

## ▲ 模块 2　悬浮式抱杆起重系统吊装作业（Z47E2002Ⅱ）

【模块描述】本模块介绍悬浮式抱杆起重系统吊装的内容。通过吊装过程详细介绍，熟知悬浮式抱杆起重系统吊装的操作、安全要点。

【模块内容】

悬浮式抱杆起重系统吊装作业包括组立塔腿（含地脚螺栓式及插入角钢式）、组立塔身、组立酒杯型铁塔曲臂及地线支架、横担吊装。

## 一、内悬浮无摇臂抱杆起重系统

### (一) 内悬浮内拉线抱杆起重系统吊装作业

**1. 组立地脚螺栓式基础铁塔的塔腿**

地脚螺栓式基础的铁塔,组立塔腿有两种方法:分件组立塔腿和整体组立半边塔腿。分件组立塔腿即先竖立主材,然后逐一由下向上安装辅材,直到完成塔腿组立。该方法适用于主材为单角钢的铁塔,需用工具少。整体组立半边塔腿的方法是将塔腿的一半在地面组装后再用抱杆起吊,该方法适用于塔腿较轻,根开较小的铁塔,且地形平坦的塔位,使用工具较多。塔腿组立方法应根据塔型特点及地形条件选择确定。

(1) 分件组立塔腿。先将铁塔底座置放在基础上,拧紧地脚螺母,再将塔腿主材下端与底座立板用一个螺栓连接,利用此螺栓作为起立塔腿主材的回转点。

当组立塔腿的主材长度在 8m 以下且质量在 300kg 以内时,可以用木叉杆将主材立起,使主材与底座板相连的螺栓全部装上。当组立的塔腿主材长度大于 8m 且质量超过 300kg 时,应利用小人字木抱杆($\Phi$100mm×5m)或钢管抱杆按整立抱杆的方法将主材立起,布置示意如图 2-2-1 所示,也可用单抱杆方式起立。

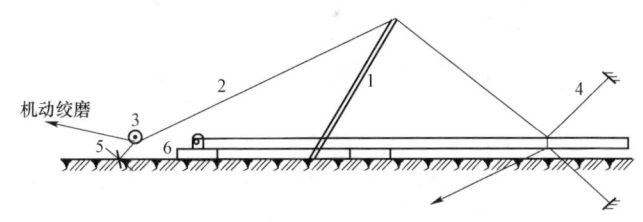

图 2-2-1 人字抱杆组立塔腿主材布置示意图
1—人字抱杆;2—牵引绳;3—地滑车;4—临时拉线;5—角铁桩;6—铁塔基础

人字抱杆组立塔腿主材的操作步骤如下:

1) 将铁塔下部 2~3 段单根主材连接,其总长度不宜超过 15m,质量不宜超过 500kg。主材上的联板应装上,相应的斜材及水平材用一个螺栓连接。

2) 将主材根部用一个螺栓连接在塔脚底座立板上,作为起立塔腿主材的回转点。

3) 按图 2-2-1 做好现场布置后,启动机动绞磨,使主材缓慢起立,直到主材接近设计方位,将其根部与塔座立板的连接螺栓全部装上为止。

4) 将塔腿主材用临时拉线固定后拆除起吊索具。其余三根主材用同样的方法起立或者利用已立主材作为单抱杆起立。

塔腿四根主材立好后,由下而上组装三个侧面斜材及水平材,并将螺栓紧固。留出一个侧面的辅材暂不装,待内拉线抱杆立起后再补装。

(2) 整体组立半边塔腿。根据现场地形条件,选择好塔腿组装的位置,将铁塔底座板垂直地面安置在基础的垫木上。垫木的厚度应略高于地脚螺栓露出基础顶的高度。塔座底板应尽可能安装塔脚铰链。

在地面上对称地组装好两个半边塔腿且拧紧螺栓。两个半边塔腿之间的辅铁应尽量带上,但螺栓不可拧紧。

将内拉线抱杆立于基础中心,抱杆的拉线分别固定在角铁桩上,然后,按现场布置图(见图 2-2-2)绑扎好吊点绳及牵引绳等。

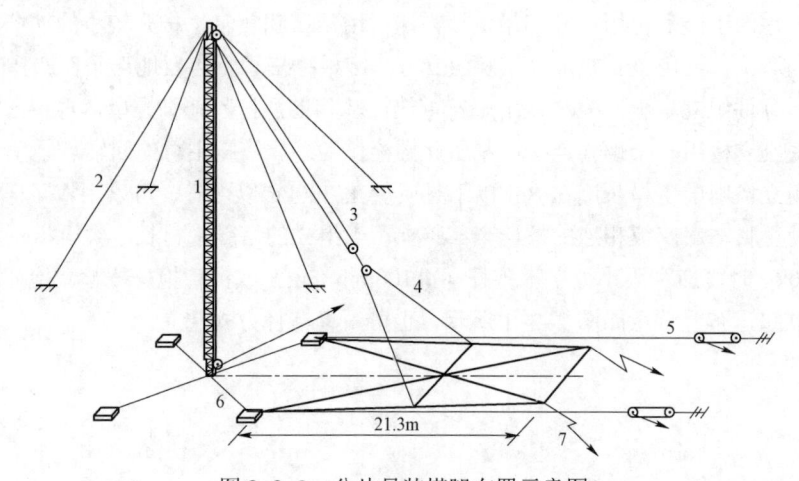

图 2-2-2 分片吊装塔腿布置示意图
1—抱杆;2—拉线;3—起吊滑车组;4—吊点绳;5—制动绳;6—锁脚绳;7—后方拉线

整体组立半边塔腿前,塔腿根部应绑扎 2 条制动绳,塔腿两主材顶端应绑扎 4 条 $\phi 11mm$ 钢丝绳作为临时拉线。吊点绳应绑扎在距离塔腿顶部 1/4~1/3 塔腿高度的节点处(高于塔腿重心高度)。启动机动绞磨后,应收紧制动绳,使铁塔底座跟随塔脚铰链转动。塔腿起立约 30°后,松出抱杆构件侧的拉线;起立约 50°时应带住塔腿主材的后方拉线。塔腿立至设计位置后,机动绞磨停止牵引。使塔座孔对准地脚螺栓就位。套上垫板,安装地脚螺母并拧紧。固定塔腿临时拉线后,拆除吊点绳。同样的步骤组立另一侧塔腿。

两个半边塔腿组立后,将塔腿之间的斜材等辅铁全部装齐并拧紧螺栓,拆除塔腿临时拉线。

2. 组立插入式角钢基础及高低腿基础的铁塔

插入式角钢基础及高低腿基础的铁塔组立土笾腿有两种方法:分件组立和抱杆吊装。分件组立塔腿同地脚螺栓式基础铁塔的塔腿组立。

抱杆吊装塔腿现场布置如图 2-2-3 所示。抱杆吊装塔腿方法如下。

（1）如图 2-2-3 所示，抱杆立在塔腿旁约 1m 处，顶部打好四方临时拉线，使抱杆向塔腿主材侧倾斜，然后收紧四侧拉线并绑扎牢固。

（2）塔腿主材的顶端应悬挂一只 10～30kN 开口滑车并穿入钢丝绳，以便塔腿主材组立后用来提升水平材和斜材。塔腿主材的吊点上方应绑扎两根 $\Phi$18mm 棕绳，以便塔腿主材组立后作临时拉线。

（3）吊点绳绑扎在距塔腿主材顶部 1/4～1/3 段长位置，吊点绳与主材间应垫软物，防止磨损。有条件时，吊点绳尽可能使用尼龙吊带。

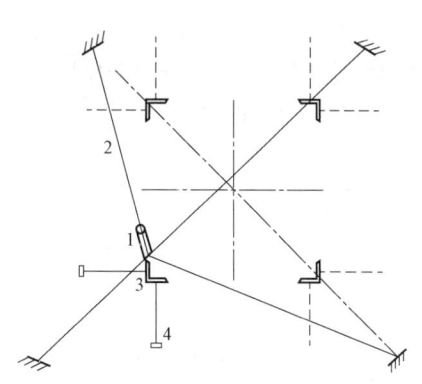

图 2-2-3 单吊主材平面布置示意图
1—抱杆；2—抱杆临时拉线；
3—已立主材；4—主材临时拉线

（4）启动机动绞磨，将主材吊离基础顶面，使其下端与塔座主材对接。包钢或法兰接头螺栓紧固后，用 2 条棕绳作临时拉线进行稳固，再拆卸主材上的吊点绳。

（5）将抱杆拉线放松，撬动抱杆根，使其移向另一塔腿主材旁，调整拉线并固定后，再吊装另一根主材，直到四根主材全部吊装完成。

（6）利用塔腿主材顶端悬挂的滑车及钢丝绳逐件将三面辅材安装完成并紧固全部螺丝。拆除吊装塔腿主材的抱杆及起吊工具等。

（7）在塔腿预留辅材暂不装的一侧地面组装内拉线抱杆，利用塔腿立起抱杆，最后将辅材全部补齐并紧固螺栓，形成封闭稳定的塔架。

3. 组立塔身

（1）吊装塔身前应做的准备工作。

1）塔片的起吊重量应不超过抱杆的允许起吊重量。由于塔型不同，选用的抱杆规格不同，其允许起吊重量均不相同。现场施工中应根据铁塔安装图核对实际的起吊重量。塔片应按规范要求在地面组装合格。

2）为了方便塔片就位，吊装塔身前，应调整抱杆向吊件侧适当倾斜，倾斜角不宜大于 10°，调整抱杆倾斜时应考虑拉线受力后的伸长影响，避免过量倾斜。

3）如果抱杆置于地面时，抱杆应采取防沉防滑措施。抱杆承托绳的一端应系在铁塔基础上；另一端系在抱杆根部，使抱杆根固定在四个基础的中心位置。

4）塔片在地面应按作业指导书要求进行补强。

（2）吊装过程中的操作要点。

1）构件开始起吊，攀根绳应收紧，调整绳应松弛；构件着地的一端，应设专人监护，以防构件被挂。

2）构件离地面后，应暂停起吊，进行一次全面检查。检查内容包括牵引设备的转动是否正常，各绑扎处是否牢固，锚桩是否牢固，滑轮是否转动灵活，已组立塔架受力后有无变形等。检查无异常，方可继续起吊。

3）起吊塔片过程中，在保证构件不触碰已组塔架的前提下，尽量松出攀根绳，以减少各部索具受力。

4）起吊过程中，指挥人应密切监视构件起吊上升情况，应使塔片与已组塔架的间距保持在0.3~0.5m。严防构件挂住已组塔体。

5）提升构件下端超过已组立塔架上端时，应暂停牵引，由塔上作业负责人指挥缓慢松出攀根绳。当吊件主材对准已组塔架主材时，应慢慢松出牵引绳，按先低后高的原则（即先到位的主材先就位，后到位的主材后就位）进行就位。

6）塔上作业人员应分清斜材的内外位置。就位前，主材连接时，先穿尖扳手，再穿螺栓。两主材就位后，按先两端、后中间的顺序安装并拧紧全部包钢上的接头螺栓。

7）构件接头螺栓安装完毕，松出起吊绳、吊点绳及攀根绳等。再进行另一侧塔片吊装。最后，安装全部斜材及水平材等。

4. 酒杯型铁塔横担及地线支架的吊装

酒杯型铁塔横担的吊装有两种方法：① 分片分段吊装；② 整体吊装。应根据抱杆容许中心压力选择。

（1）分片分段吊装法。

1）吊装顺序：第一步分前后片吊装中横担；第二步吊装地线支架；第三步利用地线支架吊装边横担。横担及地线支架吊装顺序示意如图2-2-4所示。

2）吊装中横担的操作要点。

a. 将中横担分前后两片沿顺线路方向组装，利用顺线路的起吊滑车组进行吊装。前、后片横担的螺栓应全部拧紧。

b. 调整抱杆向吊装构件反侧略有倾斜，当起吊滑车组受力后，抱杆宜在铁塔结构中心线位置。

c. 吊装过程中，横担应在不触碰塔架的前提下尽量靠近塔架，避免攀根绳受力过大。

d. 应随吊件的提升而适时松出攀根绳，以吊件不触碰塔体为原则，两根攀根绳应同步松出，使横担始终处于水平状态。

e. 横担片吊至设计位置时，调整攀根绳，使横担低端先就位，再调整上曲臂根开加固绳使高端就位。

f. 上曲臂与横担连接处的顺线路方向交叉铁安装完毕且螺栓紧固后，再松出绞磨绳及吊点绳，按相同方法和步骤吊装另一片中横担。

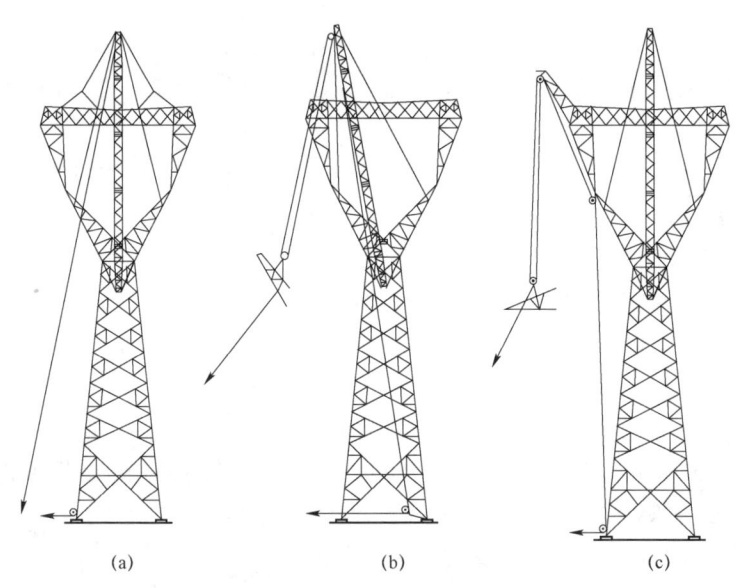

第二章　抱杆起重系统吊装作业　45

图 2-2-4　横担及地线支架吊装顺序示意图
(a) 吊装中横担；(b) 吊装地线支架；(c) 吊装边横担

3) 吊装地线支架的操作要点。

a. 地线支架应根据吊装方位及地形条件整段在地面组装，且应拧紧螺栓。

b. 地线支架吊装前应在地线挂孔处悬挂20kN级单轮滑车并穿入$\varPhi$11mm钢丝绳，以备起吊边横担（边横担质量不超过1t）。

c. 调整抱杆向横线路方向倾斜，以满足吊装地线支架就位的需要。

d. 地线支架的吊点绳宜绑扎4个吊点，使地线支架方位与设计倾斜状态相一致，以方便高空就位。

e. 地线支架宜用2条攀根绳，以控制支架在起吊过程中不触碰已组塔架。

f. 地线支架就位后应将其与中横担大联板的连接螺栓装齐并紧固，然后再松出起吊绳，调整抱杆向另一侧地线支架倾斜，再吊装另一侧地线支架。

4) 吊装边横担的操作要点。

a. 边横担尽量在横线路方向的预定位置组装，以减少攀根绳的受力。

b. 边横担的吊点应不少于2个绑扎点。边横担吊离地面后，横担外侧应略向上翘起，便于高空就位。

c. 底滑车的位置应满足边横担就位时不受牵引绳阻挡。如果有可能阻碍时，应在上曲臂节点处增挂转向滑车。

d. 边横担就位的顺序应是上平面主材先就位，然后松出起吊绳再将下平面主材就位。

e. 吊装边横担前应验算地线支架的强度,以满足吊装边横担的安全要求。

(2)整体吊装法。

1)整体吊装法有两种组装方式:一种是横担及地线支架组装成整体;另一种是将中横担及地线支架组装成整体,边横担再单独吊装。

2)整体吊装横担前,通过调整抱杆拉线及承托绳,使抱杆顺线路方向位移约横担宽度之半,且略向非吊件侧倾斜,留出空位以利横担就位。

3)横担就位时应确保横担与抱杆保持约 0.3m 间距,严防横担压在抱杆身上。

整体吊装横担的操作要点与塔身分片吊装基本相同。

5. 交流双回路直线塔及直流线路铁塔横担的吊装

500kV 双回线路直线塔上横担与±500kV、±800kV 线路铁塔横担吊装方法基本相同,现以±800kV 线路直线塔横担吊装为例介绍方法。

±800kV 线路直线塔的横担长度为 40~45m,塔头断面尺寸为 3.4~4.8m,可以采用前后分片吊装或左右分段吊装。

采用前后分片吊装时,塔头整体稳定性差,且横担补强作量大,但组装工作较简单安全,在地面只组一个平面。一般情况下,应采用分段吊装。左右分段吊装横担,在地面的组装工作量大。

(1)左右分段吊装。

1)竖直吊装横担的现场布置如图 2-2-5 所示。

2)吊点绳在横担上的绑扎点位置:吊点距横担端头距离约为横担长度的 1/3。当横担吊离地面时,横担端头朝上近似呈竖直状态。

3)随横担的升起,应及时松出攀根绳,使横担与塔身始终保持 0.3~0.5m 的间距。

4)如图 2-2-6 所示,横担下端升至就位时,先将横担上平面主材螺栓连接 $A$ 孔对准塔头上平面的对应的 $A_1$ 孔,安装两只螺栓,螺母应露扣但不拧紧。

5)利用螺栓作为回转支点,缓慢松出绞磨绳,使横担向下旋转,如图 2-2-6 所示。

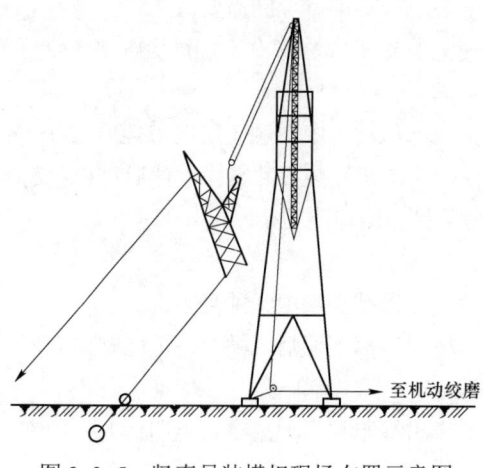

图 2-2-5 竖直吊装横担现场布置示意图

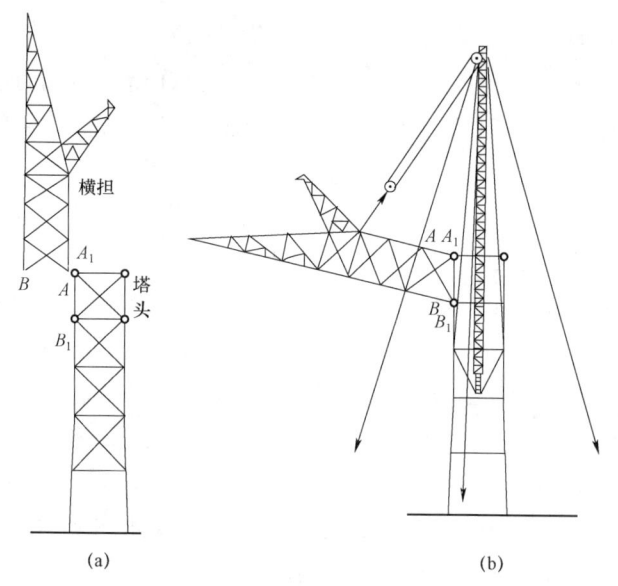

图 2-2-6 横担就位状态
(a) 横担接近就位状态; (b) 横担向下旋转就位

6) 当横担接近水平状态时,将横担下平面主材连接的 $B$ 孔,对准塔头下平面相应的 $B_1$ 孔,安装螺栓。

7) 当横担呈水平状态时,将横担与塔头段间的连接螺栓全部安装并拧紧。螺栓未全部穿入孔前不应将螺栓拧紧。

8) 如果横担与塔头间连接螺孔对不准时,允许利用起吊滑车组协助对孔,但不得强行硬拉。应查明原因后再进行对孔。

(2) 前后分片吊装。

1) 分片吊装±800kV 线路直线塔横担补强方式示意如图 2-2-7 所示。

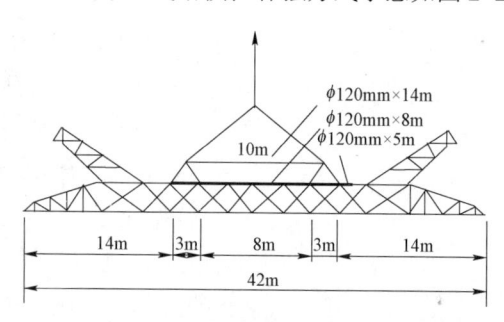

图 2-2-7 分片±800kV 线路直线塔横担补强方式示意图

2）横担在顺线路方向前后侧地面组装一个完整的侧面，根据横担的重量情况应将前后面间的连接辅材适当带上，每端不应少于 2 根，以便前后面间的连接。

3）横担吊装伊始，应注意观察横担有无变形。吊离地面后，横担应基本呈水平状态。

4）横担吊至设计位置后应停止牵引，按先低后高的顺序就位。一侧主材就位后再就位另一侧，严禁强拉硬拽。

5）横担片就位后，应将顺线路方向连接塔头主材间的辅材，以保持横担的稳定。当横担结构处于稳定状态时，方准拆除起吊绳索和补强钢管。

6）横担另一侧面就位后，应及时将前后面间辅材连接并拧紧螺栓。

6. 干字型耐张塔横担的吊装

以±800kV 线路铁塔为例介绍横担的吊装方法。

（1）地线横担（也称地线支架）的吊装。转角耐张塔地线横担长度约为 29.4m，可以用吊装直线塔导线横担的方法吊装转角耐张塔地线横担。

（2）导线横担的吊装。耐张塔导线横担长度约为 45m，单侧长度约为 20m。吊装导线横担可以用地线横或抱杆。如果利用地线横担分片或分段吊装，应验算地线横担挂点处的强度是否满足要求。

利用地线横担吊装导线横担布置示意如图 2-2-8 所示。

1）起吊滑车组采用 50kN 走 2 走 2 滑车组，最大吊重不得超过 40kN。

2）横担应组装在地线横担的垂直下方。

3）横担的吊点绳应用 2 条等长的钢丝绳，在横担上平面绑扎 4 点，当横担吊离地面后应呈水平状态。

4）起吊过程中，横担与塔身间应保持 0.3～0.5m 的间距，严防被塔身挂住。

5）横担接近设计位置应暂停牵引，使横担的塔身端与塔身对应螺孔对准，穿入螺栓，待全部连接螺栓穿上后再逐个拧紧。

6）一侧横担安装后，再经抱杆顶滑车，将吊装导线横担的滑车组移到另一侧地线横担悬挂，并完成另一侧横担的吊装作业。

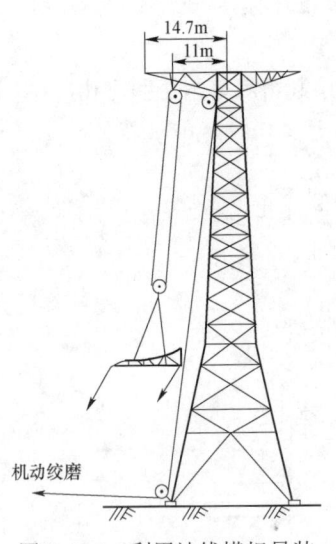

图 2-2-8 利用地线横担吊装导线横担布置示意图

利用抱杆吊装导线横担现场布置（见图 2-2-5），起吊滑车组应穿过地线横担的中空位置，必要时可设置转向滑车。操作要点与利用地线横担吊装方法相同。

（二）内悬浮外拉线抱杆起重系统吊装作业

对于 220~500kV 线路各型铁塔横担的吊装方法与内悬浮内拉线抱杆起重系统一致。以下主要介绍对于特长横担吊装中需要采用辅助抱杆的施工方法。该方法主要适于 1000kV 线单回酒杯型直线塔及 1000kV 双回路钢管塔的横担吊装。

1. 利用辅助抱杆吊装横担的现场布置

（1）利用辅助抱杆吊装酒杯型铁塔边横担的布置示意如图 2-2-9 所示。

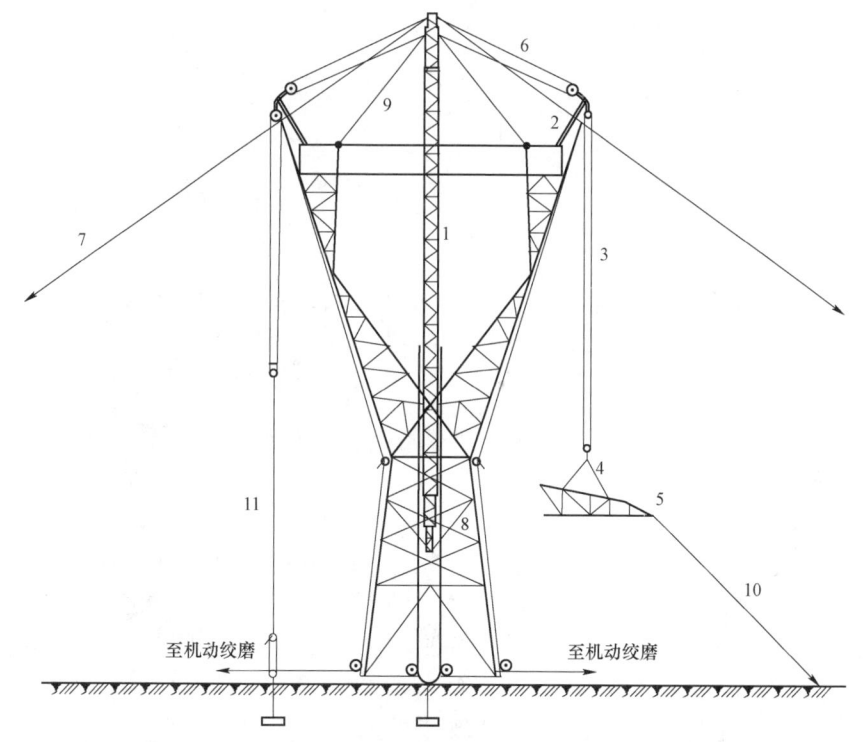

图 2-2-9  利用辅助抱杆吊装酒杯型铁塔塔边横担布置示意图
1—抱杆；2—辅助抱杆；3—起吊滑车组；4—吊点绳；5—边横担；6—起伏滑车组；
7—外拉线；8—承托系统；9—辅助拉线；10—攀根绳；11—平衡绳

（2）利用辅助抱杆吊装双回路铁塔边横担的布置示意如图 2-2-10 所示。

2. 利用辅助抱杆吊装边横担的准备工作

（1）吊装边横担前，双回路顶部中段横担或者酒杯型铁塔中段横担均已安装完毕，连接螺栓已拧紧。

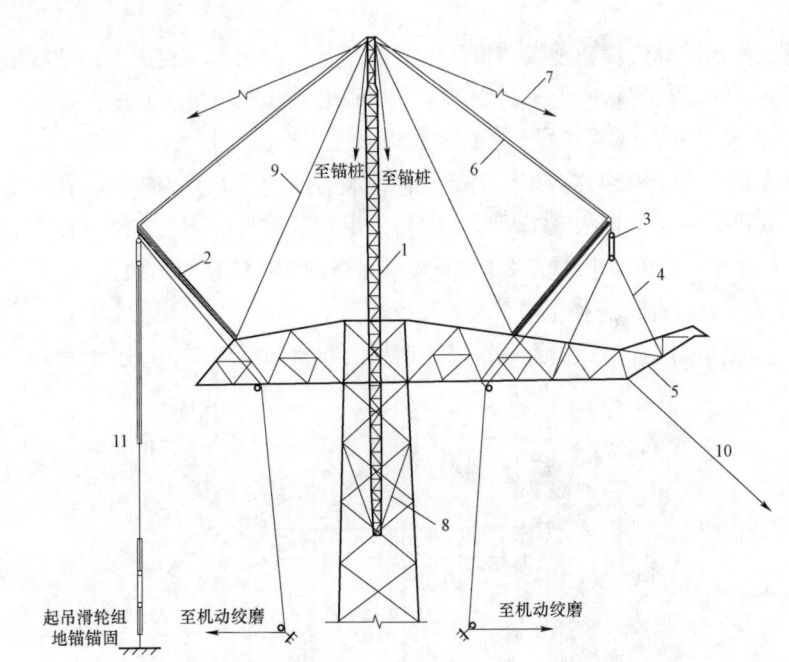

图 2-2-10　利用辅助抱杆吊装双回路铁塔边横担布置示意图

1—抱杆；2—辅助抱杆；3—起吊滑车组；4—吊点绳；5—吊件（上横担）；6—起伏滑车组；
7—抱杆外拉线；8—承托绳；9—辅助拉线；10—攀根绳；11—平衡绳

（2）根据边横担的长度选择辅助抱杆规格、倾斜角等。辅助抱杆宜选择铝合金材料，以便在塔上安装。

（3）安装辅助抱杆的方法。

1）地面安装是将辅助抱杆在地面与中横担组装成整体，横担与辅助抱杆一起吊装。辅助抱杆吊至设计位置再连接起吊滑车组，以调整抱杆倾斜角度，使之符合设计要求。

2）高空安装是利用中心抱杆起吊滑车组将辅助抱杆吊到中横担之上，先将抱杆根部通过铰链座与中横担主材连接，然后利用抱杆顶部外侧拉线逐步收紧，起吊滑车组随之松出，使辅助抱杆达到设计要求的倾斜角度。

（4）为减少中段横担端部下压力，应在中心抱杆顶部至辅助抱杆下端处连接一条 $\Phi$12.5mm 钢丝绳作为辅助拉线。

（5）安装辅助抱杆顶部起吊滑车组，并拉至地面与边横担吊点绳连接，为吊装边横担做好准备。

3. 吊装边横担的操作要点

（1）吊装前，对现场布置应进行全面检查，检查合格后再起吊。

（2）起吊开始，攀根绳应适当收紧，并随边横担的移动随之松出，直至吊装边横担的起吊滑车组处于铅垂状态时，使攀根绳处于松弛状态。

（3）边横担吊离地面 0.5~0.8m 时，应暂停牵引，由塔上人员检查辅助抱杆与中段横担连接的铰链座、辅助拉线等是否牢固，地面人员检查外拉线受力情况等，检查无异常再继续起吊。

（4）边横担吊至设计位置后，应注意构件有无阻碍现象，有阻碍就位的斜铁应暂时拆掉一端的螺栓。边横担就位的接头螺钉安装齐全后再逐个将螺钉紧固。

（5）边横担就位后，应将起吊滑车组移至上横担的合适位置，做吊装中横担的准备。拆除辅助抱杆的操作按吊装的逆程序实施。

**4. 利用上横担吊装中或下横担**

双回路铁塔上横担吊装就位后，将各部位连接螺栓拧紧，然后将起吊滑车组挂点移至上横担适当位置，并在挂点与抱杆顶间连接补强滑车组，示意如图 2-2-11 所示。

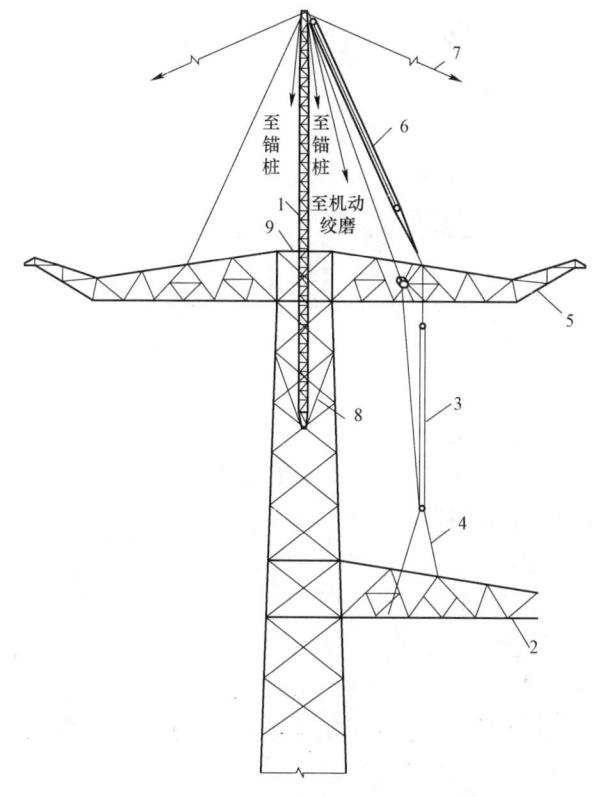

图 2-2-11　中、下横担分段吊装示意图
1—抱杆；2—中横担靠塔身段；3—起吊滑车组；4—吊点绳；5—上横担；
6—补强滑车组；7—抱杆外拉线；8—承托绳；9—塔头井口

利用上横担吊装中、下横担的布置及操作要点如下：

(1) 起吊钢绳经过上横担转向滑车、抱杆定滑车、塔脚处的地滑车至机动绞磨。

(2) 起吊过程中，中横担任一处与塔身间应保持 0.5m 左右的间距，严防被塔身挂住。

(3) 横担接近设计位置应暂停牵引，使横担的塔身端与塔身对应螺孔对准，穿入螺栓，待全部连接螺栓穿上后再逐个拧紧。

(4) 中横担内侧段安装后，利用上横担的起吊滑车组再吊装中横担外侧段。

(5) 用同样的方法利用中横担吊装下横担或者角上横担吊装下横担。

## 二、内悬浮带摇臂抱杆起重系统

内悬浮带摇臂抱杆起重系统吊装作业与座地式带摇臂抱杆起重系统吊装作业基本一致，此处不再赘述，详见本章模块 1。

【思考与练习】

1. 简述内悬浮无摇臂抱杆起重系统吊装地线支架的操作要点。
2. 简述内悬浮无摇臂抱杆起重系统吊装边横担的操作要点。
3. 简述内悬浮无摇臂抱杆起重系统安装辅助抱杆的方法。

## 模块 3 支座式抱杆起重系统吊装作业（Z47E2003Ⅱ）

【模块描述】本模块介绍支座式抱杆起重系统吊装的内容。通过吊装过程详细介绍，熟知支座式抱杆起重系统吊装的操作、安全要点。

【模块内容】

支座式抱杆起重系统吊装操作依据抱杆与铁塔连接位置不同有内附和外附之分，吊装操作基本相同，但仍有些许不同之处需要注意。

### 一、支座式抱杆起重系统吊装操作

图 2-3-1 所示为用小抱杆起吊抱杆所在处的铁塔主材。抱杆通常固定在某一塔脚内侧，抱杆顶部用三根外拉线固定，拉线的位置如图 2-3-1 (a) 所示。起吊绳通过抱杆顶、抱杆所在主材对应塔脚处的转向滑车至机动绞磨。通过三根拉线可以控制抱杆的方位和仰角，此时抱杆向塔位中心倾斜，主材带两根大斜材一同被起吊升空，吊升到较高处后（如图 2-3-1 (a) 中虚线所示）转动铁塔主材使其绕过抱杆到就位位置上方，先将两个大斜材固定在相邻的铁塔塔脚上，然后使铁塔主材下降就位，如图 2-3-1 (b) 实线所示。

图 2-3-2 所示为用小抱杆起吊其他塔脚处铁塔主材时的情况，此时将抱杆顶倾斜到其他主材上方进行起吊。外拉线可与铁塔主材顶端相连，再用钢丝绳连接抱杆和主材顶端。

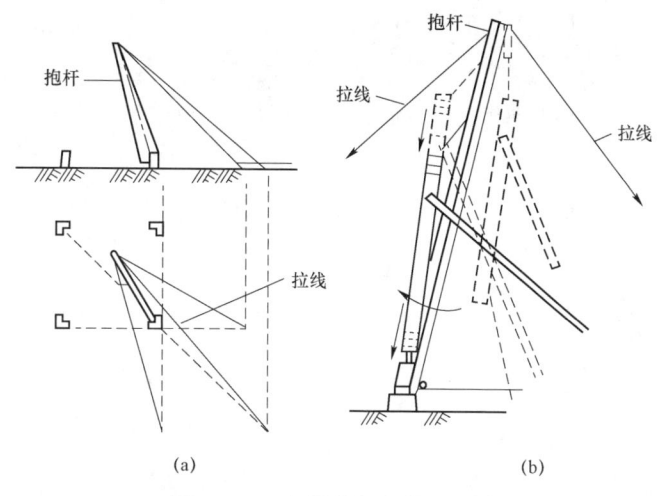

图 2-3-1 起吊抱杆座落处主材
(a) 分图 1；(b) 分图 2

图 2-3-3 所示为升抱杆方法。将抱杆竖直，利用一个腰绳兜住抱杆中部，然后在已组立塔段顶端挂滑车，将起吊绳从抱杆底端滑车转而通过塔段主材顶端滑车，然后再引向地面，利用原起吊绳就可将抱杆提升，与此同时松出各拉线。

用以上方法反复吊装铁塔主材，外拉线可直接与抱杆顶端相连（见图 2-3-4），并反复升抱杆，直至塔顶，干字形塔的横担可用其他方法起吊。

图 2-3-2 吊相邻塔脚主材

## 二、外拉线内附塔上小抱杆立塔方法

抱杆附着在塔身主材内侧，顶端设四根外拉线。施工注意要点是：

（1）用抱杆分根吊装各塔腿及塔腿以上一段主材。各主材角钢就位后应打好临时拉线，然后方可登高工作。待下段铁塔组立完并全部螺栓拧紧后再进行上一段塔的起吊。

（2）其余各段塔用带四角外拉线的内抱杆分片吊装，抱杆临时拉线地锚埋设距塔中心为塔高加 5m，用件空中位置控制用绳的地锚埋设于 1.2 倍塔高距离处。

（3）提升抱杆时，施工人员尤其是拉线负责者应集中注意力，四根拉线随之不断松出，使抱杆竖直并徐徐上升，待抱杆升至一定高度，其根部应座落在装有连接板处的主材上，进行绑扎或固定。

图 2-3-3　升抱杆方法

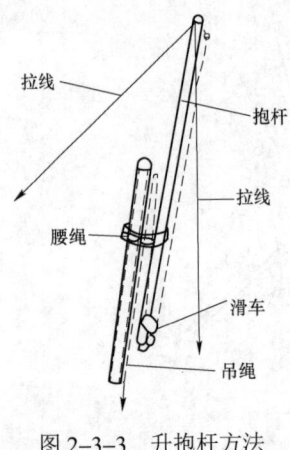

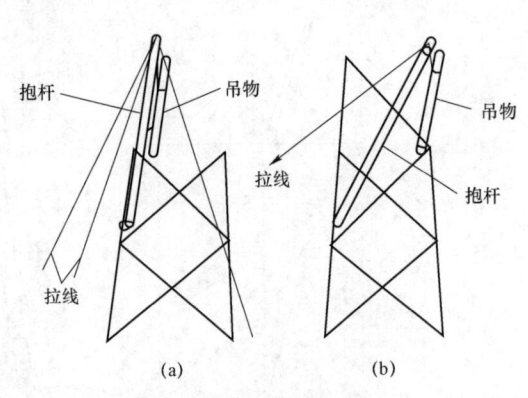

图 2-3-4　上部塔材起吊
（a）分图一；（b）分图二

（4）起吊时抱杆对竖直线的偏角不可太大，在不影响塔材就位的情况下，一般可在 15°左右。

（5）在起吊件平稳上升的同时，塔材控制绳必须听从指挥随之松出，使起吊滑车倾角不致过大，并需防止塔材在起吊过程中碰挂已组好的铁塔。

（6）根据抱杆所能承受的允许应力进行限重起吊。当塔段分片吊装重量超过限重时，应拆除部分斜材。

（7）安装时应先连接主材，然后连接其他斜材及连板。

### 三、外拉线外附塔上小抱杆立塔

施工注意要点是：

（1）抱杆根部绑扎在铁塔主材结点处，绑扎点必须衬垫木，包麻布，缠绕的各圃绑扎钢丝绳受力必须均匀。

（2）抱杆倾斜不得超过 50°。

（3）起吊钢丝绳与竖直线夹角不得超过 15°。

（4）吊件空中位置控制绳对地夹角不得超过 45°，控制绳应随着吊件的提升缓慢松出，以减少冲击。

（5）抱杆提升时，利用四根临时拉线控制抱杆头，调直抱杆，四根拉线同时不断松出。

（6）抱杆不得与塔身水平材相触。

【思考与练习】

1. 试简述支座式抱杆起重系统吊装操作步骤。
2. 外拉线内附塔上小抱杆立塔方法施工要点有哪些？
3. 外拉线外附塔上小抱杆立塔方法施工要点有哪些？

国家电网有限公司
技能人员专业培训教材　起重设备操作

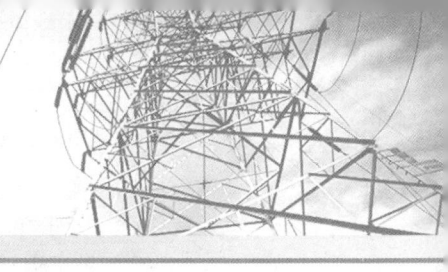

# 第三章

# 抱杆起重系统的维护保养

## ▲ 模块1　抱杆起重系统的维护、保养（Z47E3001Ⅱ）

【模块描述】本模块介绍抱杆起重系统维护保养的知识。通过要点讲解，掌握各类抱杆起重系统各组成部分的基本维护保养内容和维护保养方法。

【模块内容】

抱杆应当经常进行维护和保养。对于易损件必须经常检查、维修或更换；对机械的螺栓，特别是经常振动的螺栓，如有松动必须及时拧紧或更换。

一、抱杆起重系统的保养

1. 抱杆起重系统保养的一般原则与注意事项

（1）在使用过程中应经常进行检查、维修和保养，传动部分应有足够的润滑油，对易损构件必须经常检查、维修或更换，对各机械的螺栓，特别是经常振动的零部件，应进行检查是否松动，如有松动则必须及时拧紧或更换。

（2）维修养护时，应将所有控制开关扳至零位，切断主电源，并在闸箱处挂"禁止合闸"标志，必要时应设专人监护；抱杆起重系统处于工作状态是不得进行保养、维修，排除故障应在停机后进行。

2. 抱杆起重系统维护与保养的方法要点

（1）机械设备维护与保养。

1）各机构的制动器应经常进行检查和调整，制动瓦和制动轮的间隙保证灵活可靠，在摩擦面上不应有污物存在，遇有污物必须用汽油或稀料洗掉。

2）减速箱、变速箱、外啮合齿轮等各部位的润滑以及液压油均按润滑表中的要求进行。

3）要注意检查各部钢丝绳有无断丝和松股现象。如超过有关规定必须立即更新，钢丝绳的维护保养应严格按 GB 5972 规定。

4）经常检查各部位的螺栓连接情况，如有松动应拧紧。塔身连接螺栓应在塔身受压时检查松紧度（可采用旋转起重臂的方法去造成受压状态），所有连接销轴都必须装有开口销,并需充分张开。

5)经常检查各机构运转是否正常,有无噪音。如发现故障,必须及时排除。

6)带摇臂抱杆起重系统安装、拆卸和调整回转机构时,要注意保证回转机构减速器的中心线与齿轮中心线平行,其啮合面不小于70%,啮合间隙要合适。

(2)抱杆本体结构的维护与保养。

1)在运输中应尽量设法防止构件变形及碰撞损坏。

2)在使用前,必须检修和保养,以防锈蚀。

3)经常检查结构连接螺栓、焊缝以及构件是否损坏、变形、松动等情况。

(3)电器系统的维护与保养。

1)经常检查所有的电线、电缆有无损伤,要及时包扎和更换已损伤的部分。

2)遇到电动机有过热现象要及时停车,排除故障后再继续运行,电机轴承润滑要良好。

3)各部分电刷,其接触面要保持清洁,调整电刷压力,使其接触面积不小于50%。

4)各控制箱、配电箱等保持清洁,及时清扫电器设备上的灰尘。

5)每班检查各安全装置的行程开关的触点开闭必须可靠,触点弧坑应及时磨光。

6)每年测量保护接地电阻两次(春、秋),保证不大于4Ω。

【思考与练习】

1. 抱杆起重系统机械设备维护与保养内容有哪些?
2. 抱杆起重系统抱杆本体结构的维护与保养有哪些?
3. 抱杆起重系统电器系统的维护与保养内容有哪些?

国家电网有限公司
技能人员专业培训教材　起重设备操作

# 第四章

# 抱杆起重系统的拆除

## 模块 1　抱杆起重系统拆除（Z47E4001Ⅱ）

【模块描述】本模块介绍抱杆起重系统拆除的内容。通过操作过程详细介绍，熟知各类抱杆起重系统拆除的顺序和拆除方法。

【模块内容】

抱杆起重系统一般按照其安装的逆顺序进行拆除，以下介绍各类抱杆起重系统拆除的工作及注意事项。

一、座地式抱杆起重系统的拆除

（一）座地式双摇臂内拉线抱杆起重系统的拆除

1. 拆除抱杆的准备工作

（1）铁塔及其横担全部吊装完成后，方可拆除抱杆。

（2）按图 4-1-1 的顺序进行逐一拆除。

2. 拆除吊钩

（1）启动起吊卷扬机收紧吊钩，再启动变幅卷扬机收起摇臂，在抱杆顶部将两摇臂与抱杆捆绑一起。

（2）稍稍放松起吊钢丝绳，在摇臂端头附近将起吊钢丝绳锚固。拆除起吊滑车组的钢丝绳固定端，撤出起吊滑车组钢丝绳，将起吊绳一头与吊钩连接。

（3）松出起吊绳在摇臂的锚固，启动卷扬机收紧起吊钢丝绳，使其受力，拆除吊钩与摇臂的绑扎绳套，再启动卷扬机松出起吊绳，将吊钩松至地面。

3. 拆除变幅钢丝绳及滑车组

（1）由于起吊钢丝绳是从摇臂内部走向，需将其抽出后改从桅杆内部穿行。

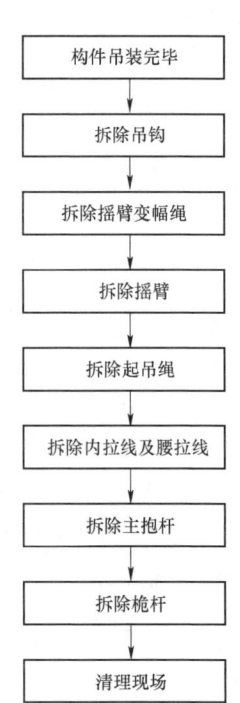

图 4-1-1　座地式双摇臂内拉线抱杆起重系统拆除工艺流程图

(2) 在起吊钢丝绳端头连接一条尼龙绳。收紧起吊钢丝绳，使尼龙绳与钢丝绳连接处直至转动支撑后临时锚固。解开连接处的卸扣。

(3) 将尼龙绳从摇臂抽出，改从桅杆内部穿行，一头与起吊钢丝绳连接，另一头经桅杆顶的滑车引至地面的人力绞磨。收紧绞磨的尼龙绳，使起吊钢丝绳端提升至桅杆顶后，与摇臂端连接。收紧起吊钢丝绳，使其受力。

(4) 松出变幅卷扬机使变幅滑车组呈松弛状态，然后将尼龙绳与变幅钢丝绳尾端连接。再启动变幅卷扬机，回收变幅滑车组的钢丝绳。最后，解开尼龙绳与变幅钢丝绳的连接卸扣。

4. 拆除摇臂

(1) 将尼龙绳的上端与一侧摇臂绑扎，作为拆除摇臂的控制绳。将起吊钢丝绳上端与摇臂上端约 1m 处连接。

(2) 启动起吊卷扬机，收紧起吊绳后暂停牵引。拆卸一侧摇臂的保险钢丝绳（也称限位绳），再拆卸绑扎摇臂与桅杆的绳套及摇臂根部的连接轴。

(3) 缓慢松出起吊绳，使摇臂（含保险绳）落至地面，在地面逐节拆卸。

(4) 另一侧摇臂按上述程序同样拆除。

5. 拆除起吊绳

(1) 用尼龙绳与起吊绳上端连接。尼龙绳在地面经拉线控制器收紧进行人力控制。

(2) 启动卷扬机，牵引起吊绳，尼龙绳跟着慢慢松出，当起吊绳尾端接近桅杆顶部时，应停止牵引，利用起吊绳自重力使其下滑，直至起吊绳完全落地。

(3) 牵引起吊绳下滑过程中，因钢丝绳重力的作用会带动起吊绳突然下滑，此时应控制好尼龙绳。起吊绳下落的同时，卷扬机应及时收卷地面的钢丝绳余绳。

6. 拆除抱杆

(1) 按提升抱杆的逆程序由下向上逐节拆除。

(2) 当抱杆下降到内拉线呈松弛状态时，在抱杆座地的状态下，抱杆顶应挂 4 条钢丝绳作临时拉线，然后逐一拆除内拉线。

(3) 每当抱杆下降到腰拉线有阻碍时，应拆除该腰拉线。抱杆下降过程中应保持 1 道腰拉线。

(4) 当腰拉线全部拆除，且标准节拆除完毕，利用 4 条临时拉线将抱杆松至地面后再逐段拆卸。

7. 清理现场

(1) 将全部地锚、桩锚挖出清理。地锚坑应进行回填夯实，恢复原来地表面貌。

(2) 全部工具进行整理打捆，以便装运。

(3) 拆除施工电源，并通知供电部门。
(4) 拆除现场工棚及其他临时设施。
(5) 清除现场油污、废弃物，保持现场洁净。
(6) 现场临时道路如为农田，应将道路上的垫层铲除，恢复农田面貌。

(二) 座地式四摇臂抱杆起重系统的拆除

座地式四摇臂抱杆起重系统的拆除与座地式双摇臂内拉线抱杆起重系统的拆除顺序和操作要点基本相同，但仍有以下几点需要特别注意。

(1) 抱杆拆除前，先将起吊滑车组及变幅滑车组卸下，再将顺线路方向的前、后摇臂逐一卸下。

(2) 将左、右摇臂与抱杆上段合拢捆绑在一起进行拆卸。

(3) 抱杆拆除的第一步，利用原提升抱杆的滑车组，按倒装提升的逆程序逐段拆除。当抱杆降低到上部腰拉线有阻挡时，拆除腰拉线后再继续逐段拆卸。

(4) 抱杆拆除的第二步，即抱杆顶部已落至横担下方。布置牵引钢丝绳使其一端固定在抱杆上端，另一端通过挂在适当高度的起吊滑车经地滑车进入绞磨，如图 4-1-2 所示。缓慢松出牵引绳，抱杆逐段拆除。

(5) 当抱杆高度仅有 15~20m 时，将抱杆吊离地面 1~3m，用人力将抱杆根部从塔中心拖到塔外，直至抱杆全部落到地面。

(三) 座地式双摇臂抱杆起重系统的拆除

拆除座地式双摇臂抱杆起重系统的操作要点与座地式双摇臂内拉线抱杆起重系统的拆除的操作要点基本一致，此处不再赘述。

二、悬浮式抱杆起重系统的拆除

(一) 内悬浮内拉线抱杆起重系统的拆除

1. 拆除抱杆的布置

拆除抱杆的布置示意如图 4-1-3（a）所示。

在塔头顶部挂一只 30kN 单轮滑车（开口），在抱杆底部倒挂一只 30kN 单滑车。将提升钢丝绳（$\phi$12.5mm）一端绑扎在塔头顶部与单滑车相对应的节点处，另一端经抱杆底部滑车、塔头部滑车后引至地面处的地滑车，直至机动绞磨。

安装上、下两道腰拉线，并收紧固定。

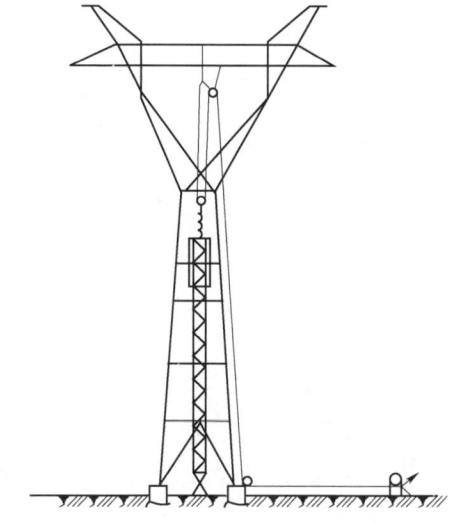

图 4-1-2 利用横担拆除抱杆现场布置示意图

2. 拆除抱杆的操作要点

(1) 启动机动绞磨，收紧提升牵引绳，使承托绳处于松弛状态时即停止牵引。

(2) 拆除承托绳与塔身处的连接卸扣，使承托绳挂在抱杆底部。

(3) 启动机动绞磨，缓慢松出牵引绳，使抱杆缓缓下降。当抱杆头部接近塔头顶部时停止牵引。

(4) 用2根钢丝绳套将抱杆与塔头部绑扎牢固。再缓慢启动机绞磨，松出牵引绳，直至2根钢丝绳套完全受力为止。

(5) 拆除牵引绳在塔头部的绑扎点。在塔头下部的抱杆上方挂一只30kN单轮开口滑车，将牵引绳穿过开口滑车后与抱杆上部绑扎，如图4-1-3（b）所示。

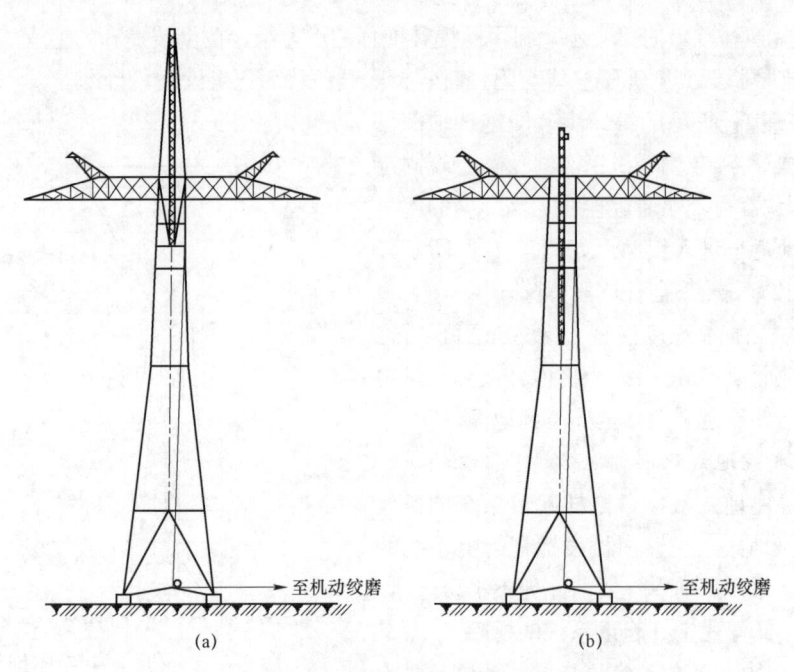

图 4-1-3 内悬浮内拉线抱杆起重系统拆除布置示意图
(a) 状态一；(b) 状态二

(6) 拆除抱杆内拉线与抱杆帽的连接卸扣。

(7) 启动机动绞磨，收紧牵引绳，使2根钢丝绳套不受力后再拆除。

(8) 缓慢松出牵引绳，使抱杆徐徐下降直至地面。通过承托钢丝绳及棕绳，用人力将抱杆根部拉出塔腿外侧，使抱杆平放于地面。

(9) 拆除牵引工具并整理后集中，准备运输。

（二）内悬浮外拉线抱杆起重系统的拆除

内悬浮外拉线抱杆起重系统的拆除与内悬浮内拉线抱杆起重系统的拆除顺序及操作要点基本一致，此处不再赘述。

（三）内悬浮双摇臂内（外）拉线抱杆起重系统的拆除

抱杆的拆除分为三个步骤：① 先拆除摇臂；② 利用承托绳将抱杆降落；③ 利用塔头上悬挂滑车组将抱杆落至地面。

1. 拆除摇臂的步骤

（1）将摇臂收起，用一条$\Phi$20mm棕绳套将摇臂与桅杆捆绑在一起。

（2）拆卸起吊滑车组及调幅滑车组，但应保留一组在桅杆上。

（3）在桅杆顶部挂一只单轮滑车，单轮滑车内穿一条牵引绳（利用调幅绳），上端绑扎于摇臂，下端通过地滑车进入机动绞磨。

（4）启动机动绞磨，收紧牵引绳后暂停，拆除摇臂根部销轴及保险钢丝绳。

（5）缓慢松出牵引绳使摇臂落至地面，另一侧摇臂按上述步骤进行拆除。

2. 利用承托绳降落抱杆的步骤

（1）控制好抱杆外拉线，使其能随时收紧。

（2）拆除最上一道腰环。

（3）四条承托绳通过手扳葫芦同时松出，抱杆拉线同步收紧。

（4）再拆除下道腰环。

（5）收紧桅杆顶的滑车组固定于塔头节点处，收紧牵引绳，使承托绳处于松弛状态，将承托绳挂点滑车由塔上拆卸。

3. 利用塔头滑车组拆除抱杆的步骤

（1）在抱杆下端系2条$\Phi$20mm棕绳，以人力控制防止晃动。

（2）缓慢松出牵引绳使抱杆缓缓下落，通过收紧抱杆根部棕绳，使抱杆由铁塔塔腿下方。

（3）拉出铁塔结构的外面，再逐段拆卸，直至抱杆全部落至地面。

（4）拆除牵引滑车组。

【思考与练习】

1. 简述座地式双摇臂抱杆起重系统拆除的步骤。
2. 简述内悬浮内拉线抱杆起重系统拆除的步骤。
3. 简述内悬浮摇臂抱杆起重系统拆除的步骤。

国家电网有限公司
技能人员专业培训教材 起重设备操作

# 第二部分

# 塔式起重机操作

# 第五章

# 塔式起重机安装

## ▲ 模块 1 塔式起重机安装（Z47F1001Ⅱ）

【模块描述】本模块介绍塔式起重机的安装内容。通过描述安装程序与注意事项，熟悉塔式起重机的安装程序和安装要点。

【模块内容】

塔式起重机安装包括基础设置、主体结构安装、附着支撑设置等。在安装塔式起重机前，首先要做好充分的准备工作，包括劳动组织准备、施工技术准备、施工机具和工程材料准备、施工场地准备及施工监护监控准备。

一、施工工艺流程及劳动组织

（一）现场布置

由于塔吊选择的站位不同，其附着有两种方式。

（1）采用外附着塔吊，现场布置示意如图 5-1-1（a）所示。外附着塔吊的站位为横线路方向的两基础柱连线的中心处，示意如图 5-1-2（a）所示。

（2）采用内附着塔吊，现场布置示意如图 5-1-1（b）所示。内附着塔吊的站位为铁塔基础的中心处，示意如图 5-1-2（b）所示。

附着式塔吊的工作范围示意如图 5-1-2 所示。由图 5-1-2 可以看出，外附着式要求起重臂较长，且必须安装刚性附着撑；内附着式要求起重臂较短，附着可以采用刚性或柔性撑，推荐用柔性附着。塔吊分解组塔多用内附着式塔吊。

（二）施工工艺流程

首先利用流动式起重机安装塔式起重机至最大自立高度；再利用塔式起重机进行铁塔构件的吊装；铁塔安装到一定高度后，塔式起重机在铁塔上附着，随铁塔的组立而提升；塔式起重机与铁塔交替安装，将地面的构件及组件尽量按照起重机相应工作幅度、最大起重量进行组合，吊装；铁塔吊装完毕，拆除塔吊。外附着塔式起重机组塔施工工艺流程如图 5-1-3（a）所示，内附着塔式起重机组塔施工工艺流程如图 5-1-3（b）所示。

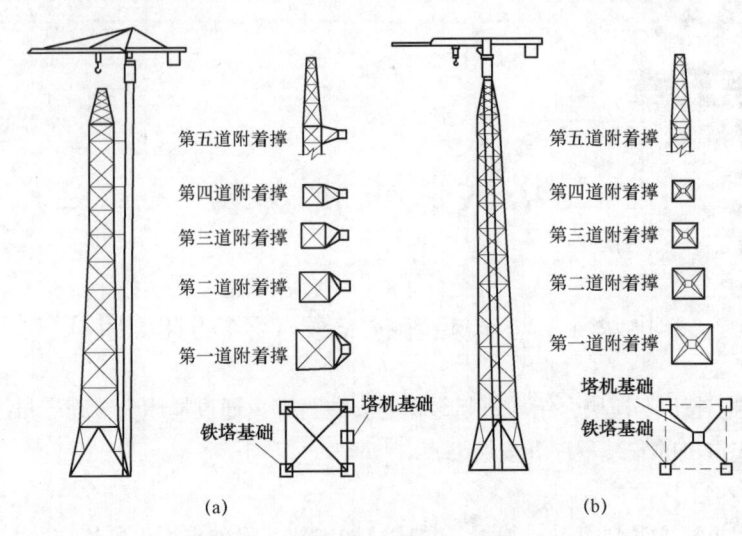

图 5-1-1　附着式塔吊现场布置示意图
(a) 外附着式；(b) 内附着式

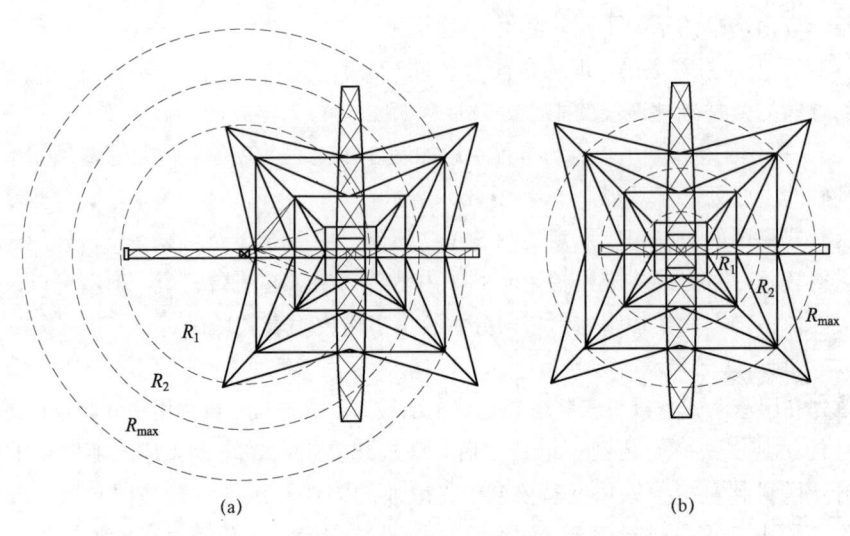

图 5-1-2　附着式塔式起重机现场工作范围示意图
(a) 外附着式；(b) 内附着式

# 第五章 塔式起重机安装

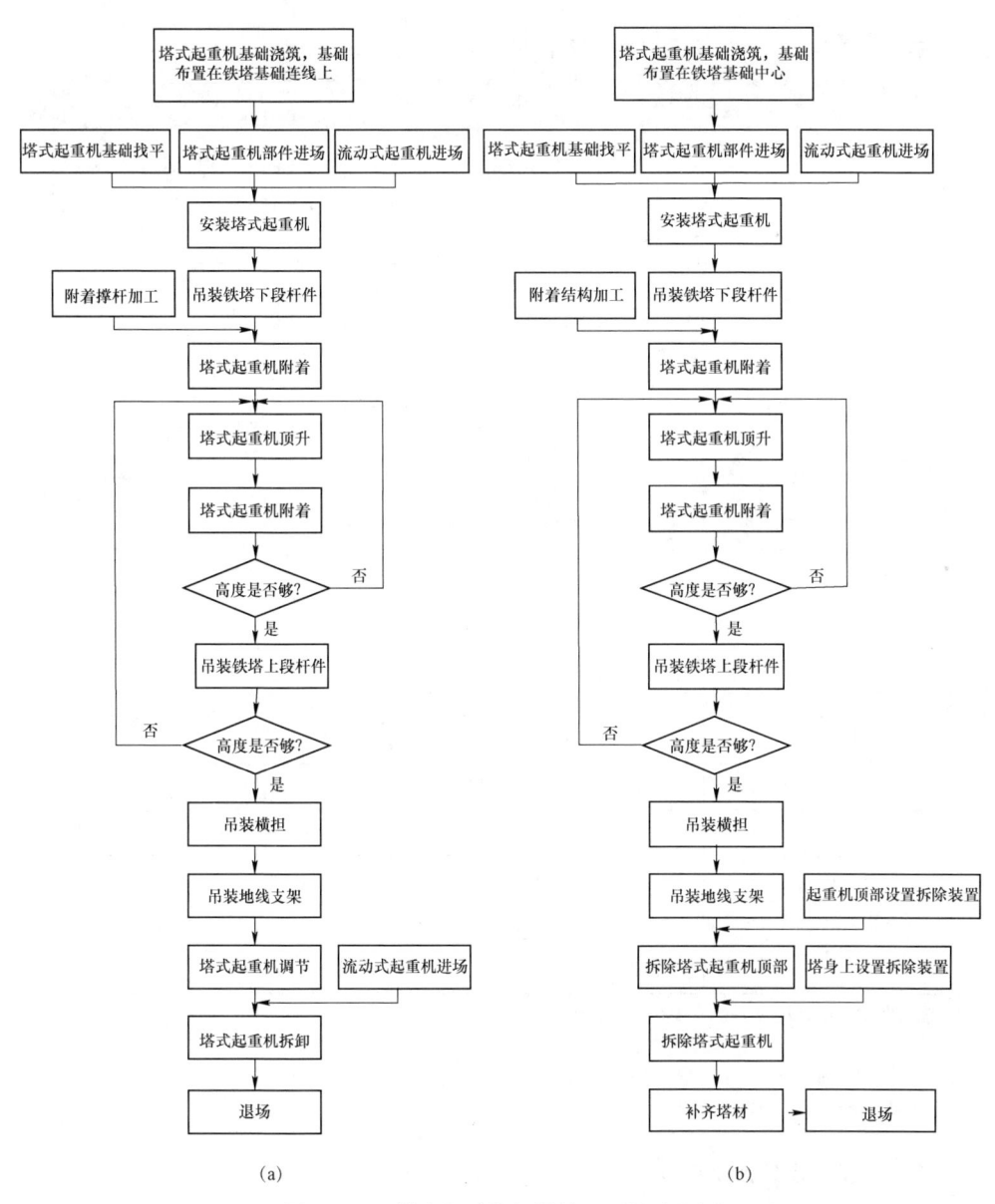

图 5-1-3 塔式起重机组塔施工工艺流程图
(a) 外附着式；(b) 内附着式

## （三）劳动组织及岗位技能要求

对于内附着塔吊分解组塔推荐的劳动组织及岗位技能要求见表 5-1-1。

表 5-1-1　　　　　　　　　　劳动组织及岗位技能要求

| 序号 | 岗位 | 劳动组织 技工人数 | 劳动组织 普工人数 | 岗位技能要求 |
|---|---|---|---|---|
| 1 | 总指挥 | 1 | — | 由有高塔组立指挥经验，熟悉塔式起重机组装铁塔程序和操作要点的高级送电工担任 |
|   | 副指挥 | 1 | — | |
| 2 | 作业指挥 | 2 | — | 由有高空和地面组装铁塔作业经验，熟知塔式起重机组装铁塔程序和操作要点的高级送电工担任。塔上、下各一人 |
| 3 | 技术监督 | 1 | — | 由熟知塔式起重机组装铁塔技术，并具有高塔组立施工技术经验的专责工程师担任 |
| 4 | 安全监督 | 2 | — | 由熟知安全工作规程并熟悉塔式起重机组塔安全操作要点，有安全工作经验的高级送电工担任 |
| 5 | 塔式起重机司机 | 3 | — | 由经过专门培训并经考试合格的高级工操作，其中一人并能胜任塔式起重机安装及拆卸指挥工作，另两人为司机 |
| 6 | 质量监测 | 2 | 2 | 由熟知施工规范，并具有高塔质量检测经验的经考试合格的测工担任 |
| 7 | 塔上作业 | 12 | — | 由熟知塔式起重机组塔高空作业要点，有高空安全作业经验并经考试合格的中级送电工担任 |
| 8 | 地面作业 | 8 | 20 | 由熟知塔式起重机组塔地面作业要点和地面组装与构件吊装绑扎操作的送电工担任 |
| 9 | 自控监测 | 1 | — | 由熟知自动控制原理和布置的自控工程师担任 |
| 10 | 电气维修 | 1 | — | 由熟知供电和电气设备安装与维修的电工担任 |
| 11 | 机械维修 | 1 | — | 由熟知并掌握塔式起重机及现场机具维修技术的技工担任 |
| 12 | 气象监测 | 1 | — | 由了解当地气象台（站），并能应用风速测定仪的维修技工担任 |
| 合计 | | 36 | 22 | 合计 58 人 |

注　1. 塔上作业为 12 人，必要时，可轮换作业。
　　2. 普工，由经过技术培训和安全教育的工人担任。
　　3. 副指挥，为总指挥助手，由主任工程师担任。
　　4. 安全监护，分为塔上作业监督和地面作业安全监督。

（四）各岗位的主要职责

（1）总指挥岗。负责附着塔式起重机组装铁塔的全面指挥工作，对全体人员与设备的安全及施工质量负全面责任。

（2）作业指挥岗。分塔上作业指挥岗和塔下作业指挥岗。根据总指挥的指令，分别负责塔上及塔下吊装作业指挥工作，分别对塔上和塔下作业人员及设备的安全、施工质量负指挥责任。

（3）技术监督岗。负责附着式塔式起重机组装铁塔的全面技术指导及技术监督工作，对违反 DL 5009.2—2013 相关规定的作业有权提出制止。对施工中的安全和质量负技术指导及技术监督责任。

（4）安全监督岗。负责塔式起重机组塔的人员和设备的安全检查及安全监督工作，对违反安全工作规程的作业有权提出制止。对人员和设备的安全负安全监督责任。

（5）塔式起重机司机岗。负责塔式起重机的安全运行、检查、维修、吊装和拆卸作业，贯彻执行塔式起重机操作规程和吊装作业规程，对吊装作业人员和设备安全负直接责任。

（6）质量监测岗。负责每次吊装的监视，每段吊完后均应用经纬仪检查其倾斜、弯曲和扭转，按施工规范进行质量监督。对施工质量负监测监督责任。

（7）塔上作业岗。负责塔上构件、塔机标准件等安装作业，执行施工操作规程和安全规程，对高空作业安全和施工质量负直接责任。

（8）地面作业岗。负责塔下构件组装，构件提升绑扎、水平转运及塔式起重机标准节的绑扎吊装。对其作业安全和质量负直接责任。

（9）自控监测岗。负责全部自动控制装置的安装、调试、运行和监视，其结果应及时向总指挥报告。对监视结果负责。

（10）电气维修岗。负责塔吊电气设备的安全、运行、维修、监督。对电力正常供应和运行安全负责。

（11）机械维修岗。负责塔式起重机及其小型机械的维修，对其正常运行负责。

（12）气象监测岗。负责与当地气象台（站）签订早晚专门预报和紧急性情况预报协议与联络，并在施工现场测定风速，随时向总指挥汇报，对预报结果负责。

**二、施工准备**

（一）劳动组织准备

劳动组织除应符合表新增模块 1 要求外，还应满足以下要求。

（1）应根据组塔需要配置满足技能要求的足够数量的施工人员。施工人员配置特别是总指挥、副指挥、技术监督及作业指挥人员应经总公司生产副经理和总工程师审定。

（2）开工前完成组织施工人员体检，凡体检不合格者，不得选用。

（3）进行纪律教育。对施工人员应进行劳动、组织、技术三方面的纪律教育，并应经考试合格。

（4）进行技术练兵。应组织参加施工人员进行塔式起重机组塔技术演练操作，熟练掌握工艺技术，并进行考核。

(二) 施工技术准备

(1) 编写施工技术设计及作业指导书。它的内容主要包括施工条件调查、塔式起重机的选择、塔式起重机稳定的计算、附着支撑件设计、施工程序和操作工艺、施工组织和统筹计划、每次吊装的构件及重量的明细表、自动控制设计、联络方式确定、保证安全和质量措施等。

(2) 组织技术试点和试验。对于首次应用的新方法、新工艺、新机具、新材料等，均要进行试验或试点。试验或试点由公司技术部门提出及组织，并做出鉴定和总结。

(3) 做好技术交底。技术交底由项目部经理组织，项目总工程师及技术部门负责人负责交底。技术交底后，应组织参加施工人员进行讨论，深入领会，达到真正弄懂弄通，再进行考试，并履行技术交底签证手续。

(三) 施工机具和工程材料准备

(1) 根据施工技术设计对塔式起重机性能要求进行选购或租赁，并按计划运抵现场。

(2) 根据施工技术设计，加工塔式起重机附着支撑件，按设计要求检查验收，并应如期运达现场。

(3) 按塔式起重机组立装铁塔工器具表配置工器具，作业指挥和专责工程师等应逐件检查和验收。

(4) 工程材料（塔材）应如期运到现场，作业指挥和地面组装人员应对照设计施工图进行检查和验收，并分类分段按编号放置在指定地点。

(四) 施工场地准备

(1) 按塔式起重机布置要求，设置塔式起重机基础（一般为现浇混凝土）和塔式起重机行走轨道的铺设。

(2) 按施工设计平面布置图，平整施工场地和组装场地。如为泥水地区应将积水排除后铺垫沙石，保持作业地面无泥泞、无积水。

(3) 设置地面指挥台和铁塔监控站。

(五) 施工监护监控准备

(1) 塔式起重机组装准直监测，应配置激光准直仪。

(2) 为保证塔式起重机起重安全，应配置超载自动保护装置。

(3) 为保证空中飞行物安全，应配置航空警戒标志。

(4) 风速监测。除应与当地气象台（站）签订专门气象预报和紧急情况预报协议（主要是 6 级以上大风）外，还应配置野外风速测定仪和大风自动报警装置。

(5) 高空作业安全监护和监测。除应配置个人安全用具之外，还应配备如下安全监护监测用品：

1）为防高空作业人员塔上作业或塔上水平行走意外坠落，应备有防护网和安全绳，并在作业人员的下方和水平行走位置装设。

2）为保证塔上作业人员上下塔的安全，宜备有载人吊笼，并应随着吊装升高而设置。

3）宜配备高空作业监视摄像头及配套设备，以供地面安全监督用。

4）塔上作业人员应编号，并应配备对讲机，以供随时与地面指挥联络。

**三、塔式起重机安装**

塔式起重机主要是内附着塔式起重机的安装，应按所选用的塔式起重机安装说明书和现场使用情况进行。基本分为基础设置、主体结构安装和附着支撑设置。

（一）基础设置（以内附着式塔式起重机为例）

（1）塔式起重机基础，应根据不同工况和附着高度进行受力计算，取其最大值设计和设置塔式起重机基础。

（2）内附着塔式起重机基础，设置在铁塔中心位置，应为 C15 级钢筋混凝土基础。

（3）混凝土基础与台车应共同受力，使基础与塔式起重机身成为一个整体，要求在工作时不发生滑动、下沉或抬腿等情况，保证塔式起重机在工作状态或非工作状态稳定安全。

（二）主体结构安装（以 QT80A 型塔式起重机的安装为例）

1. QT80A 型塔式起重机

主体高度为 229.12m，起重臂长设为 25.0m，平衡臂长度为 13.5m。主体结构如图 5-1-4 所示。

2. 安装方法

塔式起重机主体安装，主要是利用汽车起重机或履带起重机，将塔式起重机主体及动力设备安装齐全，然后用本身的自升装置安装塔身中间节（也称标准节）。

（1）利用汽车起重机安装塔吊的步骤示意如图 5-1-5 所示。

（2）标准节（高约 2.5m）顶升接高作业步骤。自升式塔式起重机的顶升接高系统由顶升套架、引进轨道和小车、液压顶升机组三部分组成。顶升接高的步骤示意如图 5-1-6 所示。

1）回转起重臂使其朝向与引进轨道一致并加以销定。吊运一个标准节到摆渡小车上，并将过渡节与塔身标准节相连的螺栓松开，准备顶升［见图 5-1-6（a）］。

2）开动液压千斤顶，将塔机上部结构包括顶升套架约上升到超过一个标准节的高度；然后用定位销将套架固定，于是塔式起重机上部结构的重量就通过定位销传递

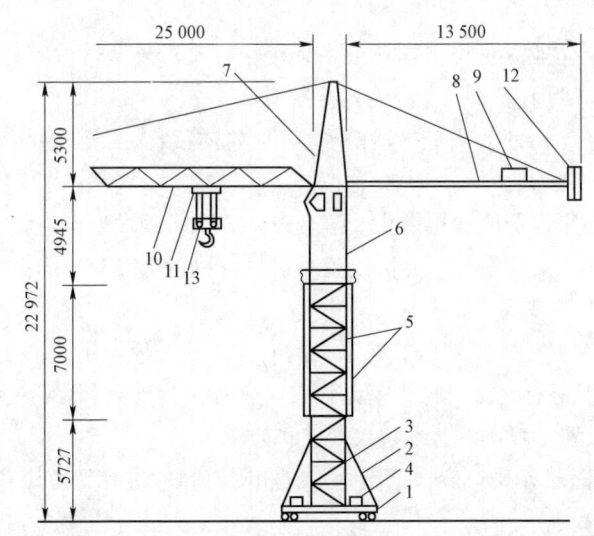

图 5-1-4 QT80A 型塔式起重机主体结构图（单位：mm）

1—台车；2—底架；3—底节塔式起重机身；4—压重铁；5—下塔式起重机身及爬升架；
6—回转塔式起重机身（驾驶室）；7—塔式起重机帽；8—平衡臂；9—卷扬机；
10—起重臂；11—调幅小车；12—平衡铁；13—吊钩及钢绳

到塔身［见图 5-1-6（b）］。

3）液压千斤顶回缩，形成引进空间，此时将装有标准节的摆渡小车开到引进空间内［见图 5-1-6（c）］。

4）利用液压千斤顶稍微提起待接高的标准节，退出摆渡小车；然后将待接高的标准节平稳地落在下面的塔身上，并用螺栓连接［见图 5-1-6（d）］。

5）拔出定位销，下降过渡节，使之与已接高的塔身连成整体［见图 5-1-6（e）］。

3. 顶升作业注意事项

（1）在顶升作业过程中，必须有专人指挥，专人照看电源，专人操作液压系统，专人紧固螺栓。非操作人员不得登上爬升套架的操作平台，更不得启动液压系统的泵、阀开关或其他电气设备。

（2）顶升作业应尽量在白天进行。特殊情况需在夜间作业时，必须备有充分的照明。

（3）风力在四级以上时，不得进行顶升作业。在作业过程中如风力突然加大时，必须立即停止顶升，并紧固连接螺栓。

（4）顶升前应预先放松电缆，其长度略大于总爬升高度，并做好电缆卷筒的紧固工作。

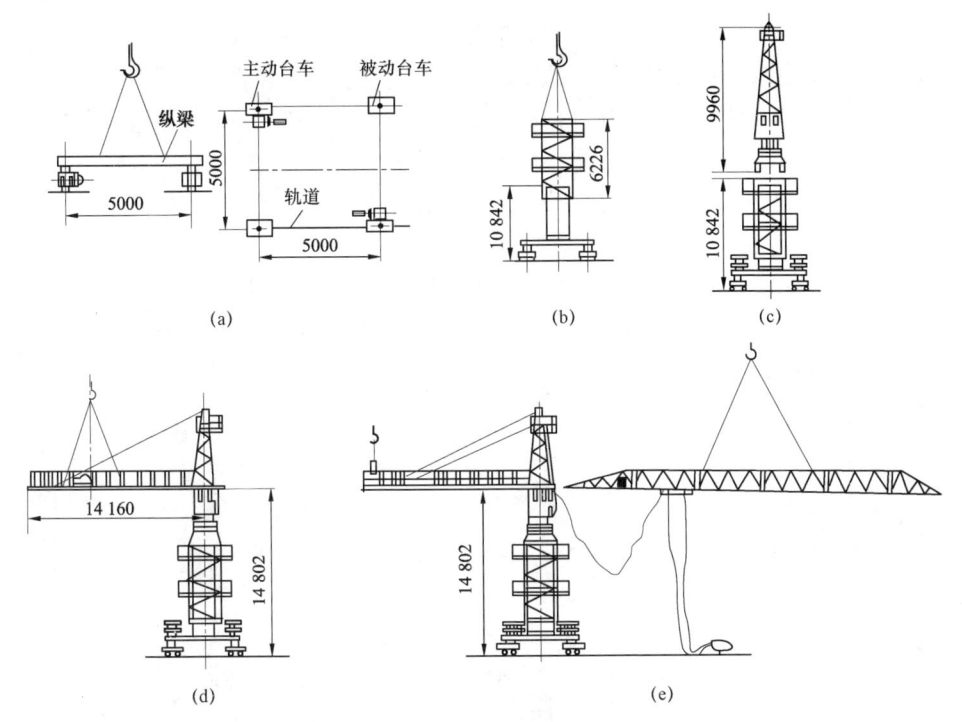

图 5-1-5　立装自升法安装塔式起重机的步骤（未包括塔身中间节）

（a）安装台车；（b）安装爬升架；（c）吊装塔架；（d）安装平衡臂；（e）安装起重臂

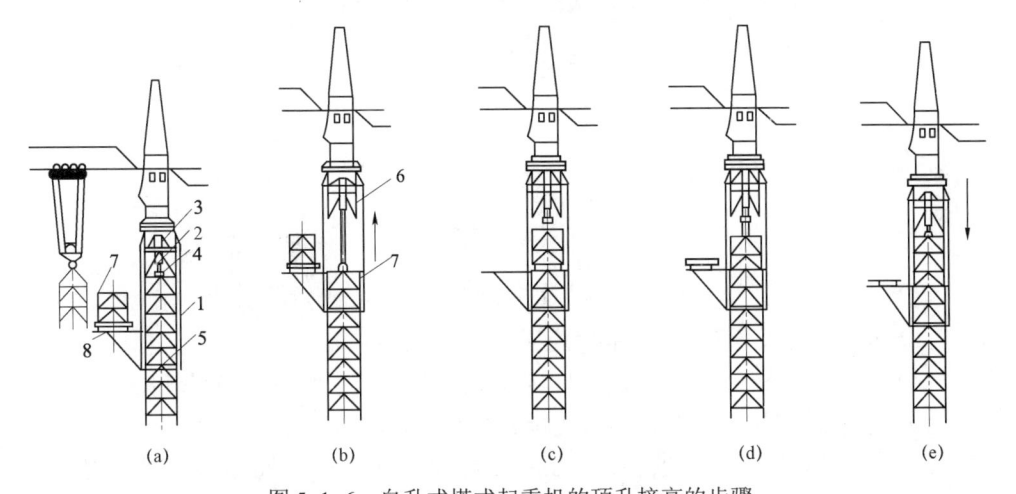

图 5-1-6　自升式塔式起重机的顶升接高的步骤

（a）准备状态；（b）顶升塔顶；（c）推入塔身标准节；（d）安装塔身标准节；（e）塔顶与塔身联成整体

1—顶升套架；2—液压千斤顶；3—承座；4—顶升横梁；5—定位销；6—过渡节；7—标准节；8—摆渡小车

（5）顶升过程中，应将回转机构制动住，严禁回转塔身及其他作业。

（6）顶升过程中如发现故障，应立即停止作业，待处理后再继续进行。

（7）每次顶升前后，必须认真做好准备和检查工作。特别是顶升后要认真检查各连接螺栓是否按规定扭力紧固，爬升套架滚轮与塔身标准节的间隙是否调整好，操作杆是否已回到中间位置，液压系统的电源是否切断等。

（三）附着支撑设置

（1）内附着QT80A-250型塔式起重机高度可达250m，最大起吊高度为241.78m。为保证塔式起重机的稳定性和整体刚性，减少上部塔身的自由长度。当塔式起重机起吊超过额定起吊高度（43.5m）时，应按施工技术设计规定位置，进行塔式起重机身与已组立塔架安装附着。

（2）附着架由两套半环梁和六根撑杆组成，示意如图5-1-7所示。撑杆一端与塔式起重机身附着点框架铰接，另一端与铁塔主材铰接相连，撑杆两端设有正反扣调整螺栓，可调节支撑松紧程度。

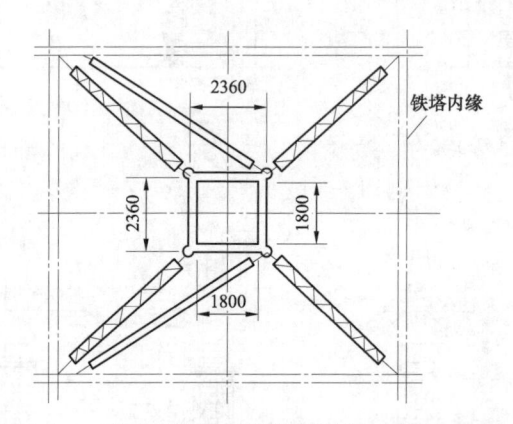

图5-1-7　附着架与铁塔连接情况图（单位：mm）

（3）附着架与塔架支撑位置，均应设在有横材连接主材的节点处。附着后，要检测塔式起重机轴心线位置，其倾斜度应不超过其高度的1‰。

（4）塔式起重机的附着应按使用说明书的规定进行，特别应注意下列事项。

1）根据铁塔总高度、结构特点及施工进度要求安排附着方案。

2）附着的设置间距一般为14~20m，有的塔机可达25~36m；附着以上的塔身自由高度，一般不超过30m。

3）装设附着后应用经纬仪进行观测，并采取切实措施保证塔身的垂直度。

4）锚固环应尽可能设置在塔吊标准节的节点处。设置锚固环的塔吊主柱横截面应设斜撑加固。

5）应对布设附着支座的塔架构件进行强度验算（附着荷载的取值，一般塔机使用说明书均有规定），如强度不足，需采取加固措施。

6）在进行大型跨越铁塔施工中需设置多道附着装置时，各道附着装置的布设应符合使用说明书的有关规定。

7）施工过程中必须经常检查附着装置，发现有松动和异常情况时，起重机应立即停止工作，故障未经排除，不得继续工作。

8）在拆除起重机时，应随着降落塔吊主柱的进程拆除相应的附着装置，严禁在落塔之前先拆附着装置。

9）遇有六级以上大风时，禁止安装和拆除附着装置。

10）附着装置的安装、拆除、检查及调整均应有专人负责，工作时应遵守高空作业安全操作规程的有关规定。

【思考与练习】

1. 简述塔式起重机安装流程。
2. 简述塔式起重机安装前准备工作。
3. 塔式起重机附着注意事项有哪些？

## 模块 2 塔式起重机检测验收（Z47F1002Ⅱ）

【模块描述】本模块介绍塔式起重机的检测验收内容。通过规范描述，掌握塔式起重机检测验收的规定和程序。

【模块内容】

塔式起重机属于特种设备，安装、移动、拆除均要履行规定的程序手续。在取得监管单位的检测及认可后方可用于施工。

一、塔式起重机报检一般程序

1. 安装（拆除）资料审查

塔式起重机在进入施工现场前应由设备责任单位向工程所在地市级安监站书面报告，并如实填写《备案证》中的现场基本情况，安监站将按《特种设备安全监察条例》中有关规定要求对其设备技术管理资料实行审查，审查资料合格的塔式起重设备方可进行安装。审查的资料内容如下：

（1）工程概况。

（2）塔式起重机安全使用证副本（第一次申报的塔式起重机需提供特种设备制造许可证和出厂合格证复印件）。

（3）塔式起重机基础的隐蔽验收及基础验槽记录。塔式起重机基础如需变更（含高层塔式起重机基础）的还需提供相应的地质勘察记录，及由有资质的单位出具的变更后的基础设计资料。

（4）塔式起重机安装（拆除）方案（含公司审批记录）。

（5）塔式起重机安装安全技术交底及安全纪律。

（6）塔式起重机施工现场平面布置图（含周边环境及材料堆放情况）。

（7）拆装人员名单和相关证件。

（8）塔式起重机司机、指挥人员、司索人员名单及相关证件。

（9）租赁合同及装拆合同（协议）。

（10）塔式起重机安装（拆卸）资质和安全生产许可证复印件（公司签章）。

（11）塔式起重机安装（拆除）应急方案。

以上资料必须能真实反映设备安装情况。

2. 塔式起重机的报检

塔式起重机必须在资料审查合格后的 30 日内向工程所在地市级安监站书面申请报检，并取得合格的检测报告，报检时需提供完整的报检资料，内容如下：

（1）塔式起重机安装的全套资料。

（2）塔式起重机主要技术性能参数。

（3）塔式起重机基础的钢筋、水泥试块检测报告。

（4）塔式起重机自检及交接验收记录［要求总包单位、使用单位、安装（拆除）单位及监理单位均到场签章］。

（5）塔式起重机设备使用应急方案。

以上资料审查齐全并经检测合格的大型起重机械设备，凭检测报告和设备备案证副本填写《××市建筑起重机械设备使用登记申请表》到安监站换领大型起重机械设备登记牌，登记牌要求悬挂于设备明显位置。××市建筑起重机械使用登记申请表见表5-2-1。

表5-2-1　　　　××市建筑起重机械设备使用登记申请表

| 使用单位（章）： | | 联系人： | | 联系电话： | |
|---|---|---|---|---|---|
| 设备名称 | | | 制造许可证号 | | |
| 规格型号（含起重量） | | | 出厂编号 | | |
| 制造厂家 | | | 设备产权单位 | | |
| 设备备案编号 | | | 设备安装高度 | | |

续表

| 是否已进行安装告知 | | | | | |
|---|---|---|---|---|---|
| 设备安装单位 | | 资质证书编号 | | | |
| | | 安全生产许可证编号 | | | |
| 设备安装日期 | | 验收日期 | | 验收意见 | |
| 工程名称 | | 工程地点 | | | |
| 项目经理 | | 联系电话 | | | |
| 设备安装检测单位 | | 检测日期 | | 检测意见 | |
| 特种作业人员名单（空格如不够，名单可附后） ||||||
| 姓名 | 工 种 || 资格证编号 | 备 注 ||
| | | | | | |
| | | | | | |
| | | | | | |
| 租赁单位意见 | （章）<br>年 月 日 || 安装单位意见 | （章）<br>年 月 日 ||
| 施工总承包单位意见 | （章）<br>年 月 日 || 监理单位意见 | （章）<br>年 月 日 ||
| 安全监督部门意见 | 同意登记使用。<br>使用登记牌编号：<br>（章）<br>年 月 日 |||||

**二、行政部门对塔式起重设备的日常监督管理**

塔式起重机在使用过程中，安监站将按国家有关规定要求对设备的运行、维修、保养及定期检查情况等进行日常的监督管理。

**三、塔式起重设备的拆除时的报检**

塔式起重机在拆除前应将拟定拆除日期、拆除单位相关复印件、操作人员名单和操作证复印件报安监站备案，拆除后将塔式起重机在该工程的安装、拆除及使用情况报安监站备案。并在拆除工作完成后填写《××市建筑工地起重机械设备登记证注销表》，并将登记证原件交还安监站进行注销。

【思考与练习】

1. 塔式起重机何时需要报检，向哪个部门报检？
2. 塔式起重机安装时需要报检哪些资料？

国家电网有限公司
技能人员专业培训教材 起重设备操作

# 第六章

# 塔式起重机吊装作业

## ▲ 模块 1 塔式起重机吊装作业（Z47F2001Ⅱ）

【模块描述】本模块介绍塔式起重机吊装作业的内容。通过吊装过程的详细描述，掌握塔式起重机吊装作业的一般步骤及注意事项。

以下着重介绍塔式起重机组立铁塔时的注意事项。

【模块内容】

塔式起重机组立铁塔时，在地面组装好吊装塔片后，按照由下至上即塔腿→塔身→塔头→横担的顺序依次吊装。

一、地面组装

（1）组装构件必须符合施工技术设计和设计施工图的规定，按吊装顺序和每吊构件及质量进行分片或单片（带辅材）组装，不得超重、超起吊力矩。

（2）组装构件的质量应进行认真检查，不得有超过质量标准的变形弯曲和镀锌质量缺陷的，对于个别构件局部锌层脱处，应处理后才能组装。组装后构件单元的全部螺栓应牢固可靠，保证在吊装过程中不松散、不脱落。

（3）塔式起重机一次吊装构件质量较大时，为防止绑扎起吊钢绳套磨损构件镀锌层，宜用专用吊具连接，如无条件时也应垫以衬垫物。

（4）地面组装的地点，宜在塔式起重机吊臂幅度覆盖范围之内（包括塔式起重机主体行走时的范围），以减少使用专门设备进行水平运输。

二、铁塔下部构件吊装

（1）由于施工条件或塔式起重机吊臂长度所限，塔式起重机吊臂幅度不能覆盖被吊装构件，可利用汽车式起重机或履带式起重机（置于铁塔基础附近）。分解吊装主材、斜材、辅材和水平材至塔机吊臂下方组装。

（2）如果塔式起重机吊臂幅度可以覆盖被吊构件，即用塔式起重机按施工技术设计规定的顺序、质量和容许力矩进行吊装。

（3）铁塔下部吊装高度，以 QT80A–250 型塔式起重机为例，其可达额定起吊高度 43.5m 以下。

### 三、铁塔身部构件吊装

（1）塔身下部吊装完成后，即将塔式起重机固定在铁塔基础中心处，并按附着设计进行附着固定，然后利用塔式起重机自升装置，加装标准节，使塔式起重机升到满足下一段吊装需要。

（2）随着吊装升高，应按附着设计增加固定附着点（必要时应设置临时附着点，不要时拆除），直至下横担处塔身全部吊装完成。

### 四、铁塔头部及横担构件吊装

（1）大型双回路跨越铁塔的干字型导线横担，一般均较长、较重、较大，可分为两段或三段，每段分为前后两片进行吊装，应按塔机工作幅度及容许吊重确定。

（2）分段分片吊装横担的绑扎点，必须按施工技术设计计算确定位置。一般应在被吊件近塔式起重机侧绑扎控制大绳，控制大绳通过转向滑车经近塔式起重机身引下，由地面控制。

（3）塔头和横担的吊装，必须按施工技术设计的程序，交错按序进行，直至全部构件吊装完成。

### 五、塔式起重机的操作要点

（1）塔式起重机应有专职司机操作，司机必须受过专业训练。

（2）塔式起重机一般准许工作的气温为-20~40℃，风速小于六级。风速在六级及以上、雷雨天，禁止操作。

（3）塔式起重机在作业现场安装后，必须进行试验和试运转。

（4）起重机必须可靠接地，所有电气设备外壳都应与机体妥善连接。

（5）起重机安装好后，应重新调节好各种安全保护装置和限位开关。如夜间作业必须有充足的照明。

（6）起重机行驶轨道不得有障碍或下沉现象。轨道面应水平，轨距公差不得超过3mm。直轨要平直，弯轨应符合弯道要求，轨道末端 1m 处必须设有止挡装置和限位器撞杆。

（7）工作前应检查各控制器的转动装置、制动器闸瓦、传动部分润滑油量、钢丝绳磨损情况及电源电压等，如有不符合要求，应及时修整。

（8）起重机工作时必须严格按照额定起重量起吊，不得超载，也不准吊运人员、斜拉重物、拔除地下埋物。

（9）司机必须得到指挥信号后，方得进行操作，操作前司机必须按电铃、发信号。

（10）吊物上升时，吊钩距起重臂端不得小于 1m。

（11）工作休息或下班时，不得将重物悬挂在空中。

（12）起重机的变幅指示器、力矩限制器以及各种行程限位开关等安全保护装置，均必须齐全完整、灵敏可靠。

（13）作业后，尚需做到下列几点：

1）起重机开到轨道中间位置停放，臂杆转到顺风方向，并放松回转制动器。小车及平衡重应移到非工作状态位置。吊钩提升到离臂杆顶端 2～3m 处。

2）将每个控制开关拨至零位，依次断开各路开关，切断电源总开关，打开高空指示灯。

3）锁紧夹轨器，如有八级以上大风警报，应另拉临时拉线与地面地锚固定。

【思考与练习】

1. 铁塔头部及横担构件吊装注意事项有哪些？
2. 简述塔式起重机操作要点。

# 第七章

# 塔式起重机的维护保养

## ▲ 模块 1 塔式起重机的检查保养（Z47F3001Ⅱ）

【模块描述】本模块介绍塔式起重机的检测保养内容。通过要点讲解，掌握塔式起重机的日常维护保养内容与方法。

【模块内容】

塔式起重机的检查和保养关系到输电线路施工的安全和正常工作，因此塔式起重机的检查保养工作显得尤为重要。

一、塔式起重机的检查

（1）塔式起重机必须从有资质的生产厂家进货，有资质是指生产厂家必须有营业执照、生产许可证和安全许可证，产品还必须提供产品合格证、技术监督部门出具的检测报告、安装图纸（含基础）及使用说明书。

（2）塔式起重机必须由相应资质的单位安装，安装单位必须有起重设备安装资质证书和安全许可证。

（3）塔式起重机安装后安装单位须出具自检记录和办理交接验收记录，由有资质的检测单位进行验收检验。检验合格后报安监站验收，确认合格后，方可交付使用。

二、塔式起重机的保养

1. 塔式起重机保养的一般原则与注意事项

（1）在使用过程中应经常进行检查、维修和保养，传动部分应有足够的润滑油，对易损构件必须经常检查、维修或更换，对各机械的螺栓，特别是经常振动的零件，应进行检查是否松动，如有松动则必须及时拧紧或更换。

（2）维修养护时，应将所有控制开关扳至零位，切断主电源，并在闸箱处挂"禁止合闸"标志，必要时应设专人监护；起重机处于工作状态是不得进行保养、维修、排除故障应在停机后进行。

2. 塔式起重机维护与保养的方法要点

（1）机械设备维护与保养。

1) 各机构的制动器应经常进行检查和调整，制动瓦和制动轮的间隙保证灵活可靠，在摩擦面上不应有污物存在，遇有污物必须用汽油或稀料洗掉。

2) 减速箱、变速箱、外啮合齿轮等各部位的润滑以及液压油均按润滑表中的要求进行。

3) 要注意检查各部钢丝绳有无断丝和松股现象。如超过有关规定必须立即更新，钢丝绳的维护保养应严格按 GB 5972 规定进行。

4) 经常检查各部位的螺栓连接情况，如有松动应予拧紧。塔身连接螺栓应在塔身受压时检查松紧度（可采用旋转起重臂的方法去造成受压状态），所有连接销轴都必须装有开口销，并需充分张开。

5) 经常检查各机构运转是否正常，有无噪音。如发现故障，必须及时排除。

6) 安装、拆卸和调整回转机构时，要注意保证回转机构减速器的中心线与齿轮中心线平行，其啮合面不小于 70%，啮合间隙要合适。

(2) 液压爬升系统的维护和保养。

1) 严格按已制定的润滑表中的规定进行加油和更换油并清洗油箱内部。

2) 溢流阀的压力调整适当后，不得随意更动，每次进行爬升前应检查油压是否正常。

3) 应经常检查各处管接头是否紧固严密，不准有漏油现象。

4) 滤油器要经常检查有无堵塞，检查安全阀在使用后调整值是否变动。

5) 油泵、油缸和控制阀，如发现渗漏应及时检修。

6) 总装和大修后初次启动油泵时，应先检查入口和出口是否接反，转动方向是否正确，吸油管路是否漏气，然后用手试转，最后在规定转速内启动和试运转。

7) 在冬季启动时，要开开停停反复数次，待油温上升和控制阀动作灵活后再正式使用。

(3) 金属结构的维护与保养。

1) 在运输中应尽量设法防止构件变形及碰撞损坏。

2) 在使用期间，必须定期检修和保养，以防锈蚀。

3) 经常检查结构连接螺栓、焊缝以及构件是否损坏、变形、松动等情况。

4) 每隔 6 个月至 1 年喷刷油漆一遍。

(4) 电器系统的维护与保养。

1) 经常检查所有的电线、电缆有无损伤，要及时包扎和更换已损伤的部分。

2) 遇到电动机有过热现象要及时停车，排除故障后再继续运行，电机轴承润滑要良好。

3) 各部分电刷，其接触面要保持清洁，调整电刷压力，使其接触面积不小于 50%。

4）各控制箱、配电箱等保持清洁，及时清扫电器设备上的灰尘。

5）每班检查各安全装置的行程开关的触点开闭必须可靠，触点弧坑应及时磨光。

6）每年测量保护接地电阻两次（春、秋），保证不大于 4Ω。

（5）塔机维修时间的规定。

1）日常保养（每班进行）。

2）塔机工作 1000h 后，对机械、电器系统进行小修。

3）塔机工作 4000h 后，对机械、电器系统进行中修。

4）塔机工作 8000h 后，对机械、电器系统进行大修。

【思考与练习】

1. 描述塔式起重机保养的一般原则与注意事项。
2. 简述塔式起重机保养的内容有哪几部分？
3. 塔式起重机维修时间是怎样规定的？

# 第八章

# 塔式起重机的拆除

## ▲ 模块 1 塔式起重机的拆除（Z47F4001Ⅱ）

【模块描述】本模块介绍塔式起重机拆除的内容。通过拆除过程的详细描述，掌握塔式起重机拆除的一般步骤及注意事项。

【模块内容】

塔式起重机拆卸是一项难度较大的工作，必须遵守塔式起重机使用拆卸说明书和施工技术设计有关塔式起重机拆卸程序及方法，还应遵守 DL 5009.2—2013《电力建设安全工作规程　第 2 部分：电力线路》有关规定。

拆卸前必须根据计算得出两侧拆卸过程中的不平衡力矩，在满足塔吊设计要求的情况下，两侧交替拆除。

铁塔全部吊装完毕，塔式起重机被铁塔包围在其中间，先用爬升装置的逆程序，拆除标准节，将塔式起重机降低到起重臂靠近铁塔上横担的最低限度处，起重臂宜垂直横担，然后按序拆除。

以内附着 QT80A–250 型塔式起重机为例，描述塔式起重机拆卸一般程序和拆卸操作要点如下。

**一、拆卸起重臂、平衡臂及臂上部件**

（1）先拆平衡铁块（一般为两块，一块 1.7t，另一块 1.5t），用人字铝合金小抱杆坐在平衡臂特别插座上，利用塔式起重机的卷扬机、起吊绳，通过塔式起重机帽、抱杆、滑车拆除平衡铁块，如图 8-1-1 所示。

（2）拆除起重臂，先将起重臂上配件、设备，除调幅小车外，全部拆除放至地面，人字抱杆安置在调幅小车上，仍用塔式起重机的卷扬机、吊绳，通过塔式起重机帽、抱杆、滑车吊放，如图 8-1-2 所示。起重臂按结构分 5 段（每段 5m）拆除，顺序是第 Ⅴ、Ⅵ、Ⅲ、Ⅱ、Ⅰ 段，在拆除吊杆前，需先在内段打以临时吊绳，第 Ⅱ 段拆完后，将人字抱杆移到塔式起重机帽连接专用座上，拆除调幅小车及第 Ⅰ 段起重臂。

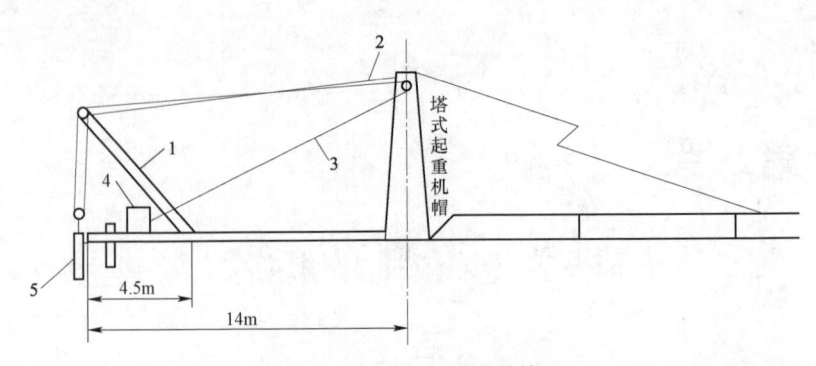

图 8-1-1 拆卸平衡铁块

1—小抱杆；2—抱杆拉线；3—起吊绳；4—塔式起重机的卷扬机；5—配重块

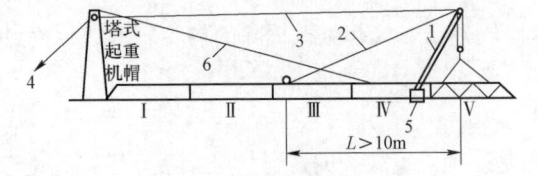

图 8-1-2 拆卸起重臂

1—小抱杆；2—抱杆拉线；3—起吊绳；4—塔式起重机卷扬机；5—调幅小车；6—吊杆；Ⅰ～Ⅴ—段号

(3) 拆卸塔式起重机卷扬机：将塔式起重机卷扬机的钢绳，通过塔式起重机帽下放至地面，接入地面卷扬机，上端通过塔式起重机帽、抱杆、滑车进行吊卸。将塔式起重机卷扬机分解为滚筒、变速箱、电动机、底座四个单元，进行吊卸。

(4) 拆除平衡臂：平衡臂长 13.5m，由两段组成，先将内段平衡臂打以临时拉线，将人字抱杆装在内段平衡臂端内 1m 处，用地面动力吊卸外段平衡臂，再将人字抱杆移动塔式起重机帽连接专用座上，吊卸内段平衡臂。

## 二、拆卸塔式起重机身部及底部

利用爬升装置，卸减标准节来进行。遇到附着架逐个拆除，直到标准节全部拆完。最后用地面起重机，拆卸塔式起重机帽、回转塔式起重机身、爬升架及底节塔式起重机身、底架、台车等。

## 三、已立铁塔检查及验收

由于使用附着塔式起重机组立铁塔，一般均系组立普通及大型大跨越铁塔。为减少再次登塔作业和吊装构件，有条件时宜在塔式起重机拆除之前进行专业检查及验收。塔上检查项目包括塔材质量有无变形、对角线尺寸是否正确；所有螺栓是否都紧固并达到规范要求；以及在铁塔上有无遗留工具或其他无用物品等。塔下检查项目包括铁塔整体根开、对角线尺寸；整体倾斜、弯曲、挠度和扭转；接地装置的连接情况；地脚螺栓是否紧固完双螺母，基础保护帽是否按规定浇制混凝土，达到整齐美观等。

所有检查结果均应填入检查记录。对于超差项目或不符合规定项目，应立即组织力量进行修整，并应彻底完成，不留任何后患。修整后自我评定出施工质量等级，并填入评定记录表。

**四、清理现场**

专业检查及塔式起重机等机具拆卸完成之后，即应清理现场，其内容包括所有施工机具、设备应分类分项整理包装或捆扎，并及时转运；恢复原地面地貌，应按环保要求及时处理。

【思考与练习】

1. 如何拆卸起重臂、平衡臂及臂上部件？
2. 简述如何拆卸塔式起重机身部及底部。
3. 如何清理塔式起重机拆卸后现场？

国家电网有限公司
技能人员专业培训教材 起重设备操作

# 第三部分

# 流动式起重机操作

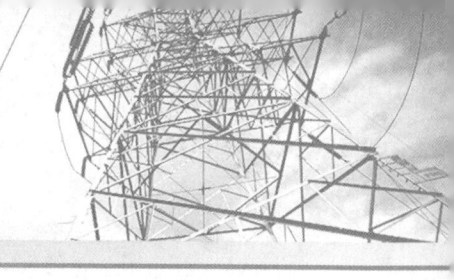

# 第九章

# 流动式起重机吊装前准备

## ▲ 模块1 吊装工器具配置（Z47G1001Ⅰ）

【模块描述】本模块介绍了起重作业前如何配置吊装工器具，通过要点讲解，掌握配置吊装工器具的原则和正确配置工器具。以下内容还涉及常用吊装工器具检查和选用。

【模块内容】

吊装工器具配置内容分为吊装工器具的选用原则，常用吊装工器具检查、选用，以及根据吊装方案正确配置工器具。

一、吊装工器具的选用原则

吊装工器具是起重吊装作业的重要组成部分，正确、合理选择吊装工器具是确保起重吊装作业安全的重要环节。吊装工器具的选用原则具体如下：

（1）配置工器具时应遵行相关规程、规范及吊装方案要求。

（2）选用吊装工器具时，必须考虑被吊设备、构件的尺寸、重量、形状、结构、材质、技术要求以及吊装作业环境等。

（3）工器具选用时不得超过其许用工作荷载，安全系数符合规程规范要求。

（4）拟选用的工器具应外观完好，经检验有效。

二、常用吊装工器具检查与选用

常用吊装工器具包括钢丝绳、卸扣、吊装带、手拉葫芦和平衡梁等，对吊装工器具进行识别是正确选择工器具的手段，在选择配置工器具时还要对其进行性能检查，以防安全事故的发生。下面介绍常用吊装工器具的检查和选用，非常用工器具在选择使用时参照技术说明书和相关技术规范。

1. 钢丝绳

钢丝绳是由高碳钢丝制成。每一根钢丝绳由若干根钢丝拧成股，各股绕绳芯（有植物纤维绳芯和金属绳芯等）捻成粗细一致的绳索。

（1）钢丝绳主要检查内容。

1）检查钢丝绳规格、型号是否与使用要求一致。

2）从外观上检查钢丝绳的磨损、断丝、扭结、压扁、弯折、断股、腐蚀等是否超标。

（2）钢丝绳选用。

选用时应考虑：钢丝绳钢丝的强度极限、安全系数、许用拉力、规格、直径等。根据钢丝绳端头的钢印编号或标牌选取适用的钢丝绳。

2. 卸扣

卸扣（又称U形环）主要用于钢丝绳之间，钢丝绳与滑车之间，以及各种物件之间的连接和固定。它是送电线路施工中使用最广泛的连接工器具。按卸扣的开口形状分，有直形卸扣和环形卸扣两种。

（1）卸扣主要检查内容。

1）扣体上应有强度等级、安全负荷等标记。

2）卸扣应光滑平整，不允许有裂纹、锐边、过烧等缺陷。

3）检查扣体和插销，不得严重磨损、变形和疲劳裂纹。

4）轴销正确装配后，扣体内宽不得明显减少，螺纹连接良好。

（2）卸扣选用。根据所需卸扣承载大小，按照扣体上标记的强度等级和安全负荷选取使用。

3. 吊装带

吊装带一般由合成纤维编制而成，具有携带轻便、维护方便和良好的抗化学性，还具有重量轻、强度高、不易损伤吊装物体表面等优点。在许多方面逐步替代了钢丝绳索具。

（1）吊装带主要检查内容。

1）吊装带外观应完好，无磨损、穿孔、切口和撕断等损伤。

2）吊装带缝合处无绽开和缝线磨断。

3）吊装带纤维无软化、老化。

（2）吊装带选用。

1）根据吊装物的重量，通过颜色或工况标识牌选择相应的吊装带，如紫色1000kg，黄色为3000kg，10 000kg以上为橘红色。

2）当吊装物有锋利棱角时，这些棱角会割伤吊装带，使用时必须用保护衬垫置于吊装带与被吊装物之间。

4. 手拉葫芦

手拉链条葫芦（又名链条葫芦）使用简便，适用于小型设备短距离吊装，起重量一般不超过5t。它具有结构紧凑，手拉力小，使用稳当，较其他机械起重工具容易掌握等特点。由于它的调节距离长，承载能力大，基本上可取代双钩的作用。

（1）手拉葫芦主要检查内容。

1）对吊钩、链条、轮轴、链盘进行检查，无裂纹和损伤，链条润滑良好。

2）传动部分空转时运转灵活，润滑良好，无卡滞现象。

3）自锁装置功能正常。

（2）手拉葫芦选用。根据使用要求和手拉葫芦上铭牌标识的额定起重量进行选用。

5. 平衡梁

平衡梁也称横吊梁、吊梁和铁扁担，主要有支承吊梁和扁担吊梁两种。平衡梁适用于送变电施工场地起重吊运作业中，对一些大型设备和长构件吊装起到平衡稳定作用。平衡梁的型式分为管式平衡梁、钢板平衡梁、槽钢型平衡梁和桁架式平衡梁。

平衡梁的作用：保持被吊设备的平衡，避免吊索损坏设备。缩短吊索的高度，减小动滑轮的起吊高度。减少设备起吊时所承受的水平压力，避免损坏设备。多机抬吊时，合理分配或平衡各吊点的荷载。

（1）平衡梁主要检查内容。

1）对外观结构进行检查，无明显变形、损伤和腐蚀。

2）对焊缝质量进行检查，无裂纹、气孔、夹渣。

（2）平衡梁选用。

起重作业中，一般都是根据设备的重量、规格尺寸、结构特点及现场环境要求等条件来选择平衡梁，并经过计算来确定平衡梁的具体尺寸。

### 三、吊装工器具的配置

（1）对于大型吊装工程，使用部门根据吊装方案工器具配置表，填写工器具领料单按规定进行领料。

（2）对于库房中无配置表上所需的工器具，材料主管人员要根据相关程序进行采购。购买的工器具必须附有合格证等相关质量证明文件。

（3）领用人在领料过程中按照配置表上的技术要求逐一检查、核对所配发的工器具。

（4）对于无工器具配置表的小型吊装项目或零散项目，司索人员要根据施工经验正确选择工器具，并经起重机司机或现场安全员确认。

【思考与练习】

1. 吊装工器具的选用原则有哪些？
2. 钢丝绳使用前主要检查哪些内容？
3. 吊装带使用前主要检查哪些内容？

## 模块 2  流动式起重机现场组装（Z47G1002Ⅰ）

**【模块描述】**本模块介绍了流动式起重机现场组装程序和安全要点。通过案例分析和要点讲解，熟悉流动式起重机的现场组装程序和安全要点，掌握副臂装拆、钢丝绳倍率变换的程序和安全要点。

以下着重介绍履带式起重机现场组装程序及安全注意事项。

**【模块内容】**

流动式起重机分汽车起重机、轮胎起重机和履带式起重机三大类。输变电施工中，常使用汽车起重机和履带式起重机。汽车起重机具有使用方便、机动性强等特点，特别适用于流动性大、不固定作业场所。履带式起重机被广泛应用在较大型工程中，具有起重量大、作业幅度大、起升高度大、能带载行驶和适应恶劣地面等优势，这是汽车起重机无法达到的。但是，由于履带式起重机不能在公路上行驶，小吨位履带式起重机逐步被汽车起重机取代。

履带式起重机自身体积大、重量大，不能直接在公路上行驶，一般需要解体运输至施工现场，在现场组装后才能投入使用。一些大吨位桁架式吊臂汽车起重机也采取现场组装，其组装方式和步骤与履带式起重机基本相同。

以下着重介绍履带式起重机现场组装程序及安全注意事项。

### 一、履带式起重机现场组装程序

（一）履带式起重机结构图

履带式起重机结构图如图 9-2-1 所示。

（二）履带式起重机安装作业流程图

履带式起重机安装作业流程如图 9-2-2 所示。

（三）施工准备

履带式起重机组装前应考虑吊装现场地面承载力及作业空间等因素，满足使用要求。一般设备的吊装采取在地面铺设钢板或路基箱等加固措施。这些加固措施不能满足要求时，则需要设计、建造履带式起重机承重基础。作业场地应清除障碍物，满足履带式起重机组装、吊装等要求。

履带式起重机进入施工现场前，应依据组装方案配备工器具。主要工器具包括辅助流动式起重机、吊索具、履带式起重机结构件及配件、安全防护用具等。

（四）主机卸车

履带式起重机主机一般采用平板车托运（能满足主机自身装卸车要求）至施工现场，主机卸车步骤如下：

第九章　流动式起重机吊装前准备 91

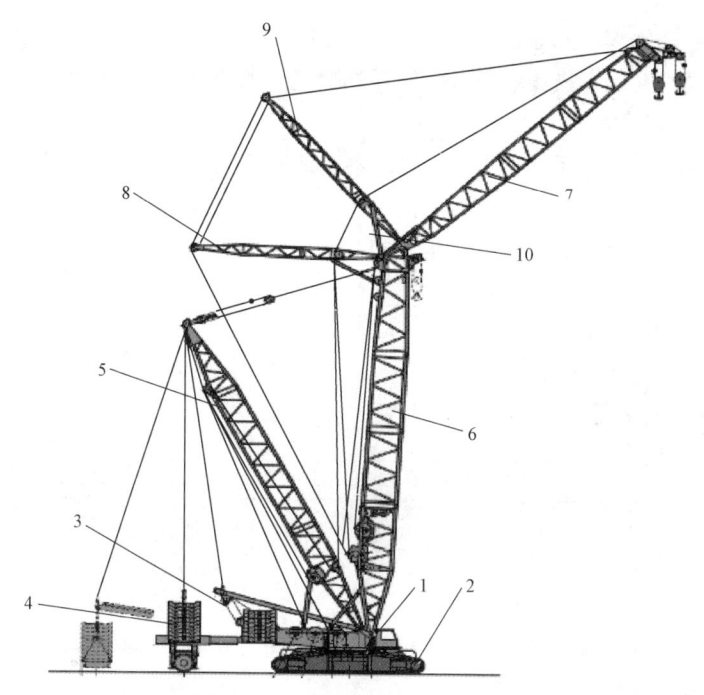

图 9-2-1　履带式起重机结构图

1—主机；2—履带；3—顶升门架；4—配重；5—桅杆；6—基础杆；7—主臂；
8—副臂；9—副臂支撑杆；10—防后倾支撑杆

施工准备
→ 主机卸车
→ 履带安装
→ 基础杆、桅杆安装
→ 主变幅滑轮组安装
→ 顶升门架安装
→ 配重安装
→ 主臂及主臂防后倾安装
→ 主、副支撑臂安装
→ 变幅钢丝绳穿绕
→ 副臂安装
→ 电缆安装
→ 起臂前检查
→ 起升臂杆
→ 设置力矩限制器
→ 调整实验及检测取证

图 9-2-2　履带式起重机安装作业流程图

(1) 引导运输车辆到达指定位置，拆卸捆绑物。
(2) 启动发动机，操作液压系统打开支腿支架，伸出支腿油缸（支腿下有路基箱或钢板，以保证主机整体的稳定性）。
(3) 操作支腿操纵手柄，将主机降低到合适高度，使回转平台和底盘中间体保持水平。
(4) 引导运输平板离开主机，主机卸车如图 9-2-3 所示。

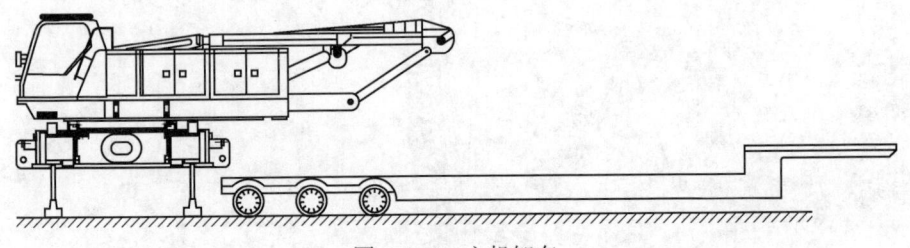

图 9-2-3 主机卸车

（五）履带安装
(1) 操作手柄，收回支腿油缸使主机车架底面与地面保持合适高度。主机车架底面用道木操垫、支撑。
(2) 收回主机车架端部的两个液压支腿，以便安装履带。
(3) 操作辅助起重机，使用专用吊具将履带吊起，缓慢地插入主机车架。吊具吊挂履带如图 9-2-4 所示。

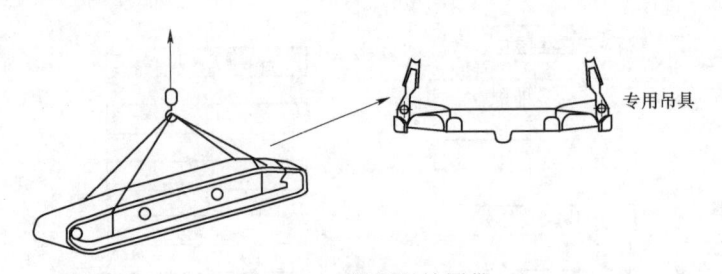

图 9-2-4 吊具吊挂履带

(4) 安装伸缩履带油缸的连接销，操作伸缩油缸操纵杆缩回履带。操纵手柄，伸出上车端部两个支腿油缸。
(5) 上车转到与履带一致方向，收回尾部两个支腿油缸，安装另一条履带。
(6) 伸出尾部支腿油缸，取出垫层道木，然后收回支腿油缸，缓慢降低主机至地面。
(7) 安装固定履带涨紧夹铁。

（六）基础杆、桅杆安装

（1）安装前，将销孔清理干净，并涂抹润滑脂。

（2）用辅助吊车吊平基础杆根部，当销孔与车架销孔对齐时，操作车体前侧的控制杆，将销子伸出，插入锁销。

（3）用辅助吊车吊平桅杆，当销孔和车架销孔对齐时，操作车体前侧控制杆，将销子伸出，穿入锁销。将桅杆放在基础杆上，之间衬垫一层道木。

（七）主变幅滑轮组安装

将门架上的变幅滑轮组用辅助吊车吊住一端滑轮，前方用一台牵引设备牵引另一端滑轮，缓慢放出变幅钢丝绳，同时操作辅助吊车和前方牵引设备使滑轮缓慢向前移动直至和桅杆头部连接。

（八）顶升门架安装

（1）拆除门架固定销（如图9-2-5所示）。

（2）操纵门架顶升油缸手柄将门架顶起至垂直状态，穿入固定销和锁销（如图9-2-6所示）。

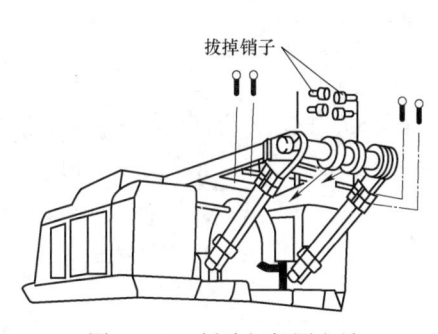

图9-2-5 拆除门架固定销　　图9-2-6 穿入门架固定销和锁销

（九）配重安装

（1）回转车架，使平台与履带垂直。

（2）将吊索挂在配重托盘NO.1上，用辅助起重机吊起托盘，并运送至履带中间的挡块处。用销杆将托盘定位，并紧固（如图9-2-7和图9-2-8所示）。

（3）用辅助起重机将配重NO.2（3块）吊放在NO.1正上方，同样将配重NO.4（3块）吊放在NO.2正上方，最后将配重NO.3（1块）吊放在NO.4上。如图9-2-9所示，将固定螺杆从配重NO.3上面穿到NO.1下面，拧上螺母，顺时针用扳手拧紧。拧紧过程中，保持螺杆不与螺母一起转动。

图 9-2-7 吊装配重

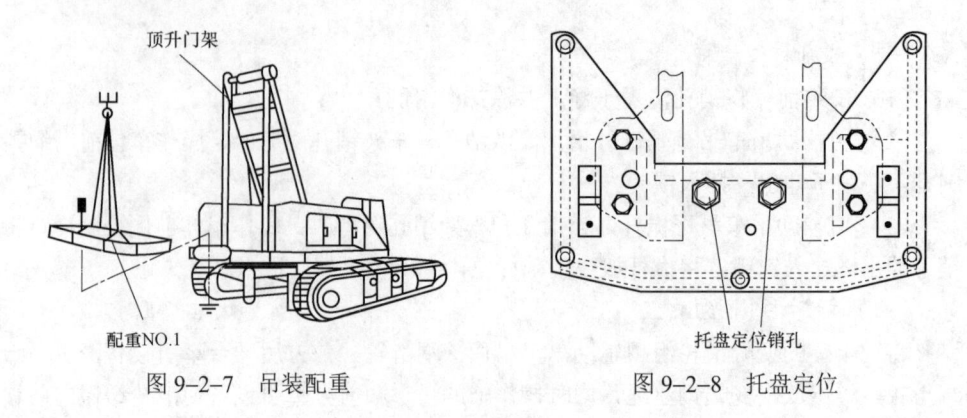

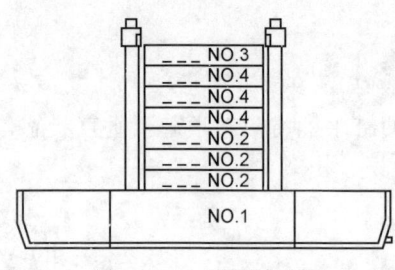

图 9-2-8 托盘定位

图 9-2-9 组装配重 1

（4）用辅助吊车将配重 L2（8 块）吊放在 NO.2 的左方，同样将配重 R2（8 块）吊放在 NO.2 的右方；用吊车分别将配重 L3 和 R3（各 1 块）吊放在 L2 和 R2 上。将固定螺杆分别从配重 L3、R3 上面穿到 L2、R2 下面，拧上螺母，顺时针用扳手拧紧。拧紧过程中，保持螺杆不与螺母一起转动。最后用螺杆将 L3 和 R3 连接在一起（如图 9-2-10 所示）。

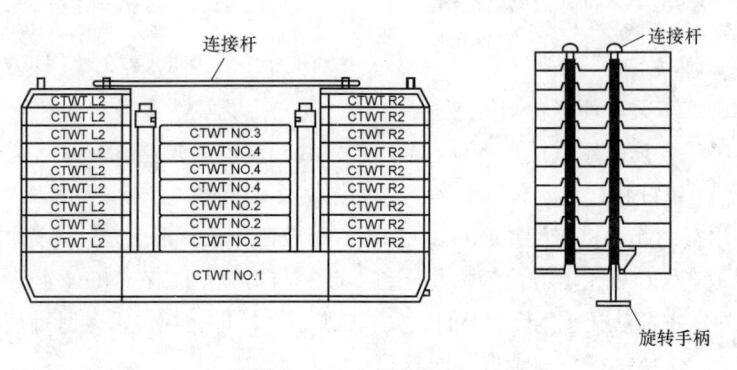

图 9-2-10 组装配重 2

## （十）主臂及主臂防后倾安装

1. 主臂防后倾安装

（1）拆除防后倾杆固定销。

（2）用辅助吊车吊平防后倾杆，用人力拖拽防后倾杆伸缩节和车体连接，穿入固定销和锁销，如图 9-2-11 所示。

图 9-2-11　安装防后倾固定销

2. 主臂安装

（1）用拉索将主臂根部前端与基础杆相连，拉起基础杆。

（2）根据臂杆组合要求（安装方案中提供臂杆组合表），将吊装需要的臂杆吊到副臂根部附近。

（3）对正连接销孔，如图 9-2-12 所示，穿入连接销，使锁销孔位于上下方向。

（4）收回主变幅钢丝绳，拉起主臂，使其下方销孔对正，如图 9-2-13 所示，穿入连接销、弹簧锁销。

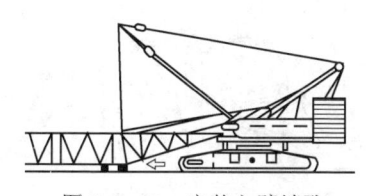

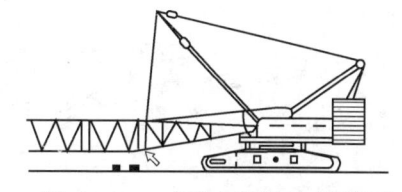

图 9-2-12　安装主臂销孔　　　图 9-2-13　安装主臂与基础杆销孔

（5）用辅助吊车依次将主臂中间臂连接；

（6）依据方案中拉索组合表准备好拉索，从杆头部向主机方向连接拉索；

（7）使用辅助吊车安装主臂头部，如图 9-2-14 所示。

（8）展放主变幅绳，降下桅杆，取下桅杆与主臂根部连接钢丝绳，将主臂拉索与桅杆相连，如图 9-2-15 所示。

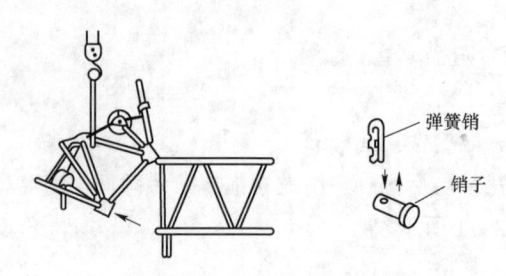

图 9-2-14 主臂头部安装

图 9-2-15 安装主臂与桅杆间拉索

（十一）主、副支撑臂安装

（1）使用辅助吊车将副臂根部与基础杆头部相连，安装完毕后，在副臂与主臂之间操垫一层枕木。

（2）使用辅助吊车将副支撑臂与基础杆头部连接，将其放倒在副臂根部上，在上面操垫枕木。

（3）用辅助吊车将主支撑臂与主臂头部连接，将其放倒在副支撑臂上，如图 9-2-16 所示。

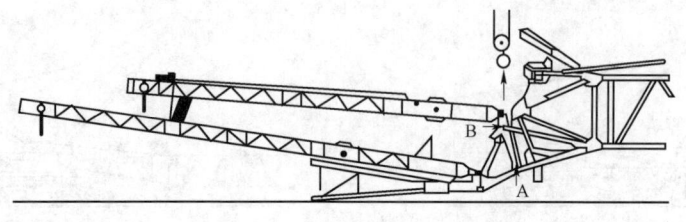

图 9-2-16 安装主、副支撑臂

（十二）变幅钢丝绳穿绕

（1）操作副臂控制手柄做副臂下趴动作，放出副臂变幅滚筒钢丝绳，如图 9-2-17 所示穿绕过副变幅滑轮组，并拉回第 3 卷筒的下方，和重量传感器连接。

（2）操作 1 号滚筒控制手柄放出 1 号滚筒钢丝绳，将 1 号滚筒钢丝绳拉倒主臂头部与主支撑上的备用绳索的末端相连接。

第九章　流动式起重机吊装前准备

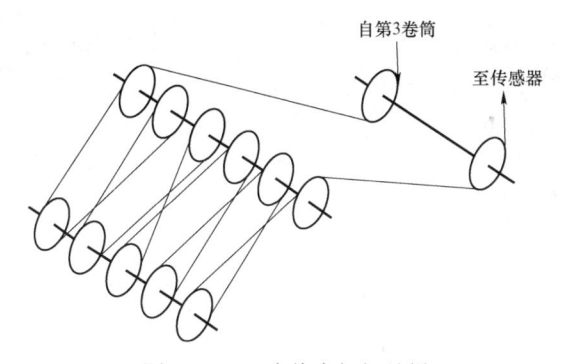

图 9-2-17　穿绕变幅钢丝绳

（3）用辅助吊车吊起主支撑臂端头，收回主钩绳使主支撑臂向主臂根部方向倾斜，同时放出副臂变幅绳，如图 9-2-18 所示。

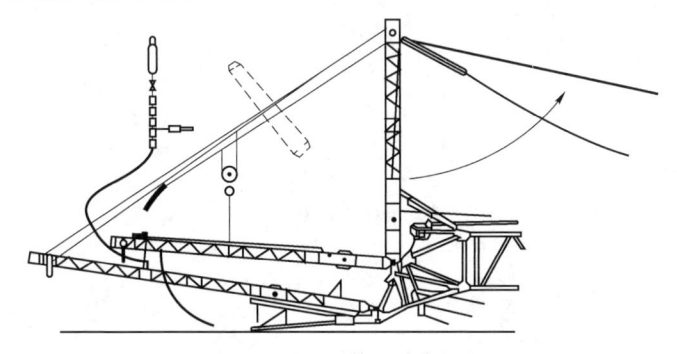

图 9-2-18　调整副臂变幅绳

（4）用倒链和钢丝绳及卡环，分别从固定主支撑拉索的第二节（主臂根部处）拉紧拉索，安装拉索连接销，使拉索与主臂连接，放松倒链，拆除钩绳。

（十三）副臂安装

副臂安装与主臂安装步骤相近，安装过程中参照主臂安装的程序进行操作。

（十四）电缆安装

（1）打开主臂根部电缆卷盘固定销。

（2）连接副臂头部接线盒电缆、主副钩过卷开关和短路帽。

（3）连接主臂头部接线盒电缆、角度传感器、防后倾限位开关和风速仪电缆线。

（4）连接主臂根部接线盒电缆、角度传感器、防后倾限位开关。

（十五）起升臂杆（起臂前检查）

1. 起臂前检查内容

（1）检查臂杆、拉索等各部位的销子、开口销、弹簧销均固定可靠。

(2) 主副钩防过卷限位开关盒主副臂及防后倾限位开关、电缆线连接正确。
(3) 液压管路连接稳妥、无漏油。
(4) 臂杆上面不得留有工器具。
(5) 臂杆销轴及滑轮润滑良好。
(6) 起重机周围采取警戒或隔离措施。

2. 起升臂杆

(1) 将一定厚度钢板（一般取 14mm 厚）铺垫于副臂端部滚轮之下，收主臂绳，随着滚轮的行进，交替敷设铺垫下方的 2 块钢板，使滚轮始终在钢板上行走，适时放出副变幅绳，保证副变幅绳没有拉紧副臂。提起主臂过程中，设专人拉直钩绳，防止钩绳损坏。

(2) 当主副臂夹角达到 65°时，停止放出副臂绳（见图 9-2-19），起主臂直到副臂头部将要离开地面时开始穿钩绳，然后主臂一直匀速起到 80°时停止，操作副臂到工作角度 13°~73°。

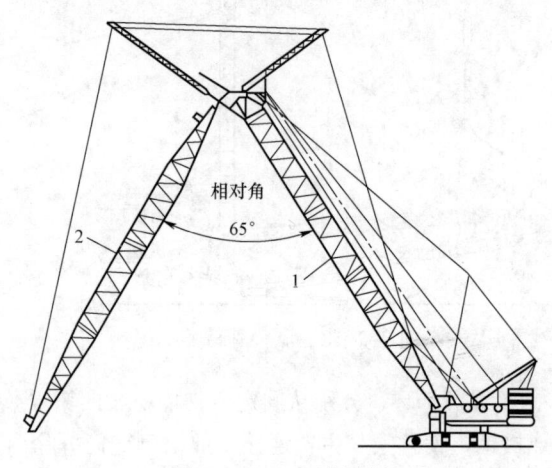

图 9-2-19 起升臂杆

（十六）设置力矩限制器

(1) 根据所选用的臂杆组合类型，主臂长度，副臂长度以及吊钩绳索选择正确的工况代码，输入力矩限制器主机，并确认。

(2) 确认钩过载保护、超载保护、角度上下限保护等有效，动作灵敏可靠。

(3) 确认重量传感器的准确性，误差范围不超过 5%。

（十七）调整、实验及检验取证

1. 调整、实验

(1) 空负荷试验：

1）主起升机构进行试验，主要检查主钩钢丝绳、主卷扬机、刹车、主钩限位等是否正常。

2）对变幅机构进行试验，主要检查变幅钢丝绳、变幅卷扬机、制动、变幅限位、力矩限制器等是否正常。

3）对回转机构进行试验，主要检查回转是否平稳、是否有抖动、异响等。

（2）静负荷试验：

1）额定负荷75%试验：根据履带吊工况，起升额定负荷的75%，试吊块离地10cm，10min后卸载，过程中及过程后检查是否有异常情况发生。

2）额定负荷100%试验：根据履带吊工况，起升额定负荷的100%，试吊块离地10cm，10分钟后卸载，过程中及过程后检查是否有异常情况发生。

（3）动负荷试验：

1）额定负荷75%试验：根据履带吊工况，起升额定负荷的75%，对起重机进行起升、变幅和回转试验，确认制动效果是否良好，有无异响，力矩限制器是否准确。

2）额定负荷100%试验：根据履带吊工况，起升额定负荷的100%，对起重机进行起升、变幅、回转机构试验，确认制动效果是否良好，力矩限制器是否准确。

2. 检验取证

履带式起重机属于特种设备，现场组装后，应由当地安全质量监督检查部门认定的检验检测机构检验合格，取得使用许可后方可作业。

二、履带式起重机组装注意事项

（1）吊车作业地面承载能力和平整程度须达到要求，若地基较软，应铺设厚铁板、路基箱，确保吊车作业时地面不发生沉降。

（2）安装前，需明确作业现场的空间是否满足作业要求。

（3）安装现场临近高压电缆，必须按规定使吊装机械及扳起后的起重机桅杆与高压电缆保持安全距离。起重机必须按规定安装接地装置。

（4）连接或脱开油路快速接头和电控插头等，必须使发动机停机5分钟后，才能进行。

（5）认真检查力矩限制器、提升限位开关、制动器等，使之处于正常工作状态。

（6）拆卸中央配重时，中央配重和底盘或履带之间严禁有人。

（7）严格按《履带式起重机使用操作手册》和有关安全操作规程执行。

【思考与练习】

1. 履带式起重机主臂及主臂防后倾安装步骤有哪些？
2. 如何进行履带式起重机变幅钢丝绳穿绕？
3. 履带式起重机组装应注意哪些事项？

## 模块3 作业环境条件的检查确认（Z47G1003Ⅱ）

【模块描述】本模块介绍了作业环境的检查确认，通过要点讲解，掌握作业环境重点检查的内容，包括进出场道路、基础承载力、作业场地空间、场地的平整、吊装物的主要参数及人机证件的检查。

【模块内容】

作业环境条件检查确认目的，是保证作业场地条件满足起重机站位、起升、变幅、伸缩、回转及地基承载能力等方面的要求。

### 一、作业环境条件检查确认的一般原则

(1) 流动式起重机作业环境检查确认应遵循起重机械相关法律法规要求。

(2) 流动式起重机作业环境检查确认以吊装方案为依据。

(3) 流动式起重机作业环境检查确认由项目技术负责人组织技术人员勘查、确认。

(4) 流动式起重机作业环境条件要求安全系数合理、地基固化平整措施科学、进场条件良好，以保证经济可行，操作可靠。

### 二、作业环境条件检查确认的内容

作业环境条件检查确认的内容一般包括进场道路勘查，地基承载能力验算，空中障碍物清除，吊装物参数、位置核定，吊装气候环境确认，作业人员资质检查。

（一）进场道路勘查

(1) 进场前应事先对途中地下管线、险桥、沟坡和泥洼路面等进行勘查，不满足通行要求的应采取相应的措施。

(2) 有多条进场道路时，应选择安全系数高，经济效益好的路线。

（二）地基承载能力验算

(1) 常用汽车起重机作业地面应坚实。作业前应检查起重机工作地面的承载能力。常用汽车起重机要求的工作地面抗压强度见表9–3–1。

表9–3–1　　　　常用汽车起重机工作地面抗压强度表　　　　单位：MPa

| 起重机型号 | QY25C | QY32 | QY40B | QY50 | QYR50 |
|---|---|---|---|---|---|
| 地面抗压强度 | >2 | >3 | >3 | >3 | >3 |

(2) 吊装前必须按规定进行地基沉降预压试验。在复杂地基上吊装重型设备，应由专业人员专门进行基础设计，验收时同样进行沉降预压试验。

1) 压强计算公式：

$$p = \frac{F}{S}$$

式中　　$p$ ——表示压强，Pa；

　　　　$F$ ——表示压力，N；

　　　　$S$ ——表示受力面积，m²。

2）压力与重力关系：

a. 物体静止于水平面且处于自由状态，压力方向与重力方向一致时，$F=G$，见图 9-3-1（a）；

b. 物体置于水平面且有外力作用时，外力方向与重力方向一致时，$F_1=G+F_0$，见图 9-3-1（b）；

c. 物体置于斜面时，物体对斜面的压力 $F=G\sin a$，见图 9-3-1（c）。

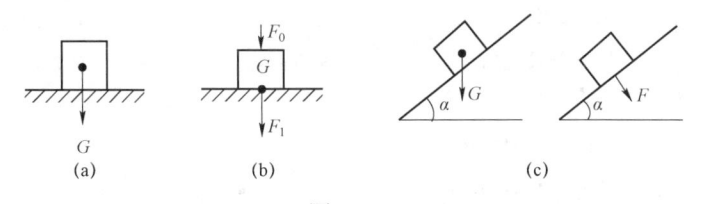

图 9-3-1

（a）压力等于重力；（b）压力大于重力；（c）压力小于重力

（三）空中障碍物清除

根据吊装平面布置图，检查吊装作业现场是否有影响起重机站位、变幅及伸缩臂的障碍物，以及吊装作业上空电力线路是否满足安全距离要求。

（1）吊装作业前应清除影响吊车站位、起升、伸缩臂、变幅及回转的障碍物。

（2）起重机作业与电力线路安全距离必须符合表 9-3-2 要求。

表 9-3-2　　　　　　　　电力线路安全距离表

| 电压等级（kV） | <1 | 1～10 | 35～63 | 110 | 220 | 330 | 500 |
| --- | --- | --- | --- | --- | --- | --- | --- |
| 安全距离（m） | 1.5 | 3.0 | 4.0 | 5.0 | 6.0 | 7.0 | 8.5 |

（四）吊装物位置、尺寸、重量的核定

（1）吊装前应检查被吊装物外形尺寸、重心位置与图纸是否一致。

（2）吊装前应检查被吊装物的位置与吊装平面图是否相符合。

（3）对于一些特殊外形、结构的被吊装物应采取安全防护措施。如：① 细长、大面积设备或构件采用多吊点吊装；② 薄壁设备进行加固加强；③ 对型钢结构、网架结构的薄弱部位或杆件进行加固或加大截面。

（五）吊装气候环境确认

吊装作业前应通过网络或与气象部门联系核实当天天气信息，以下情况不能吊装：

（1）大雨、大雪、大雾及风力六级以上（含六级）等恶劣天气，必须停止露天起重吊装作业。

（2）各地区对室外作业温度规定不同。一般规定为日最高气温达到40℃时，当日应停止作业；气温达到38℃时，当日作业时间不得超过4h；气温达到35℃时，应根据生产工作情况，采取换班轮休等方法，缩短员工连续作业时间。

（六）作业人员资质检查

（1）起重作业人员属于特种作业人员，应取得《特种设备作业操作证》方可上岗。

（2）起重作业人员上岗前，应参加与本岗位相对应的理论知识学习和实践操作培训，并考试合格后方可上岗。

（3）起重作业人员上岗前应接受安全技术交底，否则不得上岗作业。

【思考与练习】

1. 吊装作业前应检查哪些内容？
2. 什么气候环境下禁止吊装作业？
3. 起重作业人员应具备哪些条件？

## ▶ 模块4　流动式起重机性能检查（Z47G1004Ⅱ）

【模块描述】本模块介绍了作业前流动式起重机性能检查的项目。通过要点讲解，掌握流动式起重机作业前需检查的内容和判定标准。

【模块内容】

流动式起重机（以下简称起重机）作业前除对场地状况进行检查确认外，还应对起重机自身结构、性能进行检查。检查项目主要包括金属结构、操纵室、主要零部件与机构、安全防护装置、液压系统、电路以及试验、取证。

### 一、起重机金属结构

起重机金属结构为其主要受力构件，使用中受力构件不应有裂纹、严重塑性变形和整体失稳现象产生。起重机在使用前应检查金属机构连接焊缝有无明显变形、开裂；螺栓或铆固连接有无松动、缺损。

### 二、起重机操纵室

起重机操纵室分下车操纵室和上车操纵室，下车操纵室是起重机行驶时的操纵场所，上车操纵室是吊装作业时的操纵场所。

下车操纵室，应保证整洁、宽敞、视野良好，前窗应配置刮水器和遮阳板，门窗应开关方便，固定可靠。

上车操纵室，应保证门锁完好，室内有起重特性表，各手柄、踏板在中位不得因震动产生偏离，所有操纵手柄、踏板的上面或附近处均有表明用途和操纵方向的清楚标志。

### 三、起重机主要零部件及机构

1. 吊钩

吊钩是连接起重吊索与起重臂的关键构件之一，吊钩是否完好直接影响吊装作业安全质量。起重作业前应检查如下内容：

（1）吊钩应有标记和防脱钩装置，应为锻造吊钩，禁止使用铸造吊钩。

（2）吊钩无裂纹、剥落等缺陷。

（3）吊钩危险断面磨损量不应大于原尺寸的 5%（GB 10051.2 规定），开口度增加量不应大于原尺寸的 10%（GB 10051.2 规定）。

2. 钢丝绳

钢丝绳是连接吊钩与起重臂的重要部件，通过滚筒旋转起到升降吊钩作用。钢丝绳规格、型号应符合设计要求，与滑轮和卷筒相匹配，并正确穿绕。在吊装作业前应检查如下内容：

（1）钢丝绳绳端固定应牢固、可靠。卷筒上的绳端固定装置应有防松或自紧的性能；金属压制接头固定时，接头不应有裂纹；楔块固定时，楔块不应有裂纹，楔块不松动；绳卡固定时，绳卡安装应正确。

（2）钢丝绳润滑良好，不应与金属结构摩擦。

（3）钢丝绳不应有扭结、压扁、弯折、断股、断芯等变形现象。

（4）钢丝绳直径减少量不应大于公称直径的 7%。

3. 滑轮

在起重机中，滑轮的主要作用是穿绕钢丝绳。滑轮根据中心轴是否运动，分为动滑轮和定滑轮；根据制造方法，分为铸铁滑轮、铸钢滑轮、焊接滑轮、尼龙滑轮和铝合金滑轮等。在吊装作业前应检查如下内容：

（1）滑轮无裂纹、轮缘破损等损伤钢丝绳的缺陷。

（2）轮槽壁厚磨损小于原壁厚的 20%，超过该数值禁止使用。

（3）轮槽底部直径减少量超过钢丝绳直径的 50%或槽底出现沟槽时禁止使用。

4. 制动器

起升机构每一套独立驱动机构至少要装设一个支持制动器，支持制动器应是封闭式的，必须能持久地支持住额定载荷。用钢丝绳起落起重臂的变幅机构应采用常闭式制动器。吊装作业前应检查如下内容：

（1）制动器零部件应无裂纹、过度磨损、塑性变形、缺件等缺陷。液压制动器不应漏油。制动片磨损不超过原厚度50%。

（2）制动轮与摩擦片接触均匀，分离彻底，不能有影响制动性能的缺陷和油污。

（3）制动轮应无裂纹（不包括制动轮表面淬硬层微裂纹），凹凸不平度不得大于1.5 mm。

（4）制动弹簧出现塑性变形且变形量达到弹簧工作变形量的10%以上时，禁止使用。

5. 卷筒

卷筒是起重机的重要承重部件，主要由筒体、连接盘、轴以及轴承支架等构成。卷筒通过电机作用来卷绕钢丝绳以实现吊重物的下降或提升，它承载起升载荷，收放钢丝绳，实现取物装置的升降。起重作业前应对卷筒做如下检查：

（1）卷筒无裂纹。

（2）筒壁磨损量小于原壁厚的20%，超过该数值时禁止使用。

（3）绳槽磨损量不大于钢丝绳直径1/4，如大于钢丝绳直径1/4且不能修复时，禁止使用。

**四、安全防护装置**

起重机安全防护装置是对起重机作业过程中各种危险能进行预防、报警、停车的一些特殊装置。安全防护装置直接影响起重作业的安全质量，必须齐全、完好。

安全防护装置检查内容如下：

（1）起重力矩限制器应完好。当实际值达到额定值的95%时，它会发出报警信号；当实际值超过额定载荷但小于额定载荷的110%时，起重力矩限制器自动切断危险方向（起升、伸臂、降臂、回转）动力源。

（2）极限力矩限制装置应完好。流动式起重机的臂架旋转阻力矩大于规定力矩时，极限力矩限制装置应能自动切断动力源，停止旋转运动。

（3）起升高度限位器应完好。当取物装置上升到设计规定的上极限位置或下降到设计规定的下极限位置时，起升高度限位器应能立即切断危险方向作业动力源。

（4）紧急开关、联锁保护、零位保护应完好。利用紧急开关应能迅速断开起重机总电源，起重机停机。联锁保护和零位保护装置只要有一个出现非正常状态，起重机应不能向危险方向作业。

（5）幅度指示器应完好。幅度指示器应能正确指示变幅机构整个作业过程的工作幅度。

（6）水平仪应完好。水平仪应能正确指示起重机的水平状态。

（7）臂架防后倾装置应完好。当变幅机构的变幅行程开关失灵时，臂架防后倾装置应能阻止吊臂向后倾。

（8）风级风速报警器应完好。当工作环境风力大于限制工作风速设定值时，风级风速报警器应能发出报警信号。

（9）倒车报警装置应完好。起重机倒车时，倒车报警装置应能发出清晰的报警音响，并伴有灯光闪烁信号。

（10）支腿回缩锁定装置应完好。支腿回缩锁定装置应无变形、裂损，锁定后应能可靠地双向锁定支腿。

（11）检修吊笼应完好。检修吊笼组成构件应无变形、裂损，与主臂连接牢固可靠。

（12）防护罩应完好。起重机外露活动零部件（开式齿轮、联轴器、传动轴、链轮、链条、传动带、皮带轮等）及电气设备的防护罩应无变形、裂损，安装牢固。

（13）操作室铺设的绝缘垫应完好。

**五、液压系统**

起重机液压系统主要有五部分组成，主要包括支腿收放液压回路、回转机构液压回路、臂架变幅液压回路、伸缩臂液压回路及吊重起升液压回路。起重吊装作业过程，任何一个液压回路出现故障都会影响吊装作业的安全质量。

作业前，应对液压系统做如下检查：

（1）液压管路、接头、阀组等元件不漏油。

（2）平衡阀和液压锁与执行机构的连接应完好。平衡阀和液压锁工作应可靠有效。

（3）油管无刮擦，易受到损坏的软管应设置保护套。

（4）系统中采用蓄能器时，必须在蓄能器上或靠近蓄能器的明显部位设有安全警示标志。

**六、电路**

起重作业前，对电路做出如下检查：

（1）电气元件应齐全完整，无损坏，固定牢固；线路应绝缘良好，无老化、裸露和漏电。

（2）蓄电池正负极柱夹、连接螺栓、桩头等应完好，连接可靠。

（3）起重机应接地可靠，重复接地或防雷接地的接地电阻不大于 $10\Omega$，保护接地电阻不大于 $4\Omega$。

**七、试验、取证**

1. 空载试验

起重机空载试验主要目的是检验各工作机构、电气控制装置、安全保护装置等在空载情况下的完好情况。

（1）启动发动机。检查操纵面板上的仪表、指示灯、开关、液晶屏等是否正常，检查油路、气路、电路、灯光等是否完好。

（2）接通取力装置，进行空载实验。检查各种安全装置工作是否可靠有效，起升、变幅、伸缩、回转和行走等各机构运转是否正常，制动是否可靠，操纵系统、电气控制系统工作是否正常。检查各手柄、踏板在中位时是否有因震动而产生偏离的情况。

2. 负载试验

（1）静负载试验。

1）额定负载75%试验：起升额定负载的75%，试吊块离地10cm，10min后卸载，过程中及过程后检查是否有异常情况发生。

2）额定负荷100%试验：起升额定负载的100%，试吊块离地10cm，10min后卸载，过程中及过程后检查是否有异常情况发生。

（2）动负载试验。

1）额定负载75%试验：起升额定负载的75%，对起重机进行起升、变幅和回转试验，确认制动效果是否良好，力矩限制器是否准确。

2）额定负载100%试验：起升额定负载的100%，对起重机进行起升、变幅、回转机构试验，确认制动效果是否良好，力矩限制器是否准确。

3. 检验取证

起重机属于特种设备，检查、试验合格后，应向当地安全质量监督检查部门认定的检验检测机构申请检验，检验合格并取得使用许可后方可作业。

【思考与练习】

1. 简述起重机主要零部件及机构的检查项目和内容。
2. 安全保护装置的检查主要通过哪个过程来实现？
3. 简述空载实验检查的内容。

国家电网有限公司
技能人员专业培训教材　起重设备操作

# 第十章

# 流动式起重机吊装作业

## ▲ 模块 1　流动式起重机基本操作（Z47G2001Ⅰ）

【模块描述】本模块介绍流动式起重机（以下简称起重机）的操作，通过案例分析和重点讲解，掌握流动式起重机下车、上车操作的程序、要点；掌握吊装作业时的安全操作技术要点。

【模块内容】

一、起重机下车操作

1. 停车站位

（1）根据被吊设备重量及安装就位高度，测算出起重机的站位位置。

（2）较大设备吊装时，按方案要求在停车位置画出中心轴线，以便调整起重机回转中心点。

（3）起重机停车后挂上制动器。

2. 伸支腿操作（轮式起重机）

（1）支腿伸出前准备。了解地面承压能力，合理选择垫板材料、接地面积及操垫位置进行操垫，以防止作业时支腿沉降。

（2）伸支腿操作。

1）拔出支腿固定销。

2）抽出支腿操作杆锁止销。

3）打开支腿油门电源开关，按先伸出后方支腿，再伸出前方支腿的顺序，先将左右水平支腿油缸全部伸出，再操作垂直支腿伸出。设有第五支腿的，须待前后四个支腿支撑完毕后，再支撑第五条支腿。吊车支腿操作杆见图 10–1–1 所示。吊车支腿操作杆上部均有明显标示，各厂商的起重机操作可能有细微差别，操作支腿前应详细了解有关厂商出具的有关支腿的操作注意事项。

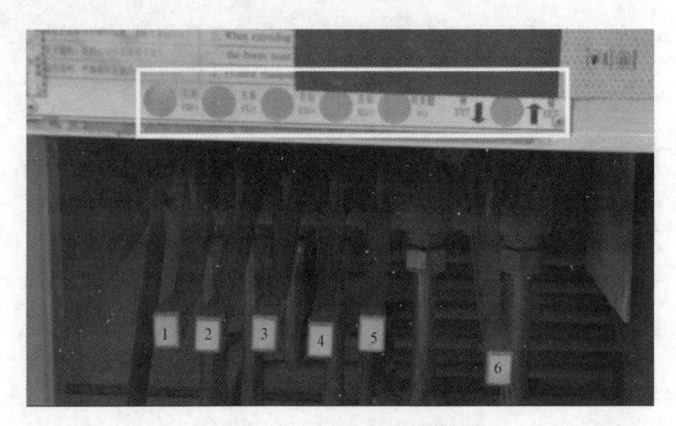

图 10-1-1　吊车支腿操作杆

4）将操纵杆（1~4）操作到"水平油缸"位置。

5）操作支腿位置操纵杆（6）操作到"伸出"位置，使水平支腿伸出。

6）水平支腿伸到位后，将支腿位置操纵杆（6）操作到"中位"位置。

7）将操纵杆（1~4）操作到"垂直油缸"位置。

8）操作支腿位置操纵杆（6）操作到"伸出"位置，使垂直支腿伸出。

9）垂直支腿伸到位后，将支腿位置操纵杆（6）操作到"中位"位置。

10）将第五支腿操纵杆（5）操作到"垂直油缸"位置。

11）将支腿位置操纵杆（6）操作到"伸出"位置，使第五支腿油缸支脚盘接触地面或垫块。

（3）起重机底盘调平。支腿垂直油缸伸到位后，通过水平仪观察起重机底盘是否呈水平状态。若起重机底盘已呈水平状态，应将全部操纵杆回到中位，将支腿操纵杆锁止销插到锁止孔中；若不在水平状态，按起重机底盘调平操作方法对起重机底盘进行调平。

1）操作第五支腿操纵杆（5）到"缩回"位置，操作支腿位置操纵杆（6）让第五支腿缸杆回缩到调整底盘水平时的不受力状态，操作第五支腿操纵杆（5）到"中位"位置。

2）操作垂直油缸操纵杆（1~4 任一个或几个），将支腿位置操纵杆（6）置于伸出或缩回位置，可使所选择垂直油缸伸出或缩回。

3）底盘调平后，操纵杆（1~4）位于"中位"位置。

4）将第五支腿缸杆伸出到接触地面的微受力状态，操作第五支腿操纵杆（5）到"中位"位置，将支腿操纵杆锁止销插到锁止孔中，下车操作完成。

注：起重机未设第五条支腿的，上述关于第五条支腿的操作应省略。

3. 收支腿操作

（1）操作前，应将上车的主臂和副臂置于吊臂支架上，处于收存状态。

（2）打开支腿油门电源开关。

（3）抽出支腿操纵杆锁止销。

（4）操作第五支腿操纵杆（5）到"垂直油缸"位置，操作支腿位置操纵杆（6）让第五支腿缸杆完全回缩。

（5）选择操纵杆操作到"垂直油缸"位置，然后将支腿位置操纵杆（6）操作到"缩回"位置，使得垂直油缸完全缩回。

（6）选择操纵杆操作到"水平油缸"位置，然后将支腿位置操纵杆（6）扳到"缩回"位置，使得水平支腿完全缩回。

（7）选择所有操纵杆扳回"中位"。

（8）将支腿操纵杆锁止销插到锁止孔中。

（9）将活动支腿定位销插到销孔中。

（10）关闭支腿油门电源开关。

（11）关闭取力开关。

二、起重机上车操作

1. 启动前的检查

（1）通过对起重机的各项设备记录和交接班记录检查，掌握起重机前期运转情况。

（2）检查配重是否按要求正确安装。

（3）起重机各工作装置的状态：吊钩、钢丝绳及滑轮组的倍率与被吊物体重量是否相匹配。

（4）起重机技术状况，特别是安全防护装置的工作状态。

2. 启动起重机

（1）上车操作前，确认各操作杆在中立位置（或离合器已被解除），方可起动。

（2）气温在-10℃以下时，要启动发动机进行预热，液压起重机应保持液压油在15℃以上时方可开始工作。发动机在预热运转中要检查油路、水路、电路和仪表，出现异常时要及时排除。

（3）对于设有储能器的应检查其压力是否符合规定。设置有离合器的起重机，应利用离合器操纵手柄检查离合器的功能是否正常。同时，推入离合器以后，一定要锁定离合器。

（4）松开吊钩、仰起臂架、低速运转各工作机构。

（5）平稳操纵起升、变幅、伸缩、回转各工作机构及制动踏板。同时，观察各部分仪表、指示灯是否显示正常。各部分功能正常时，方可正常作业。

3. 上车操作

（1）起升机构操作。

1）主起升操作手柄（右手柄）：将操纵手柄向前推，吊钩下落，向后拉，吊钩上升；起落速度由操作手柄和油门来调节。

2）副起升操作手柄（左手柄）：将操纵手柄向前推，吊钩下落，向后拉，吊钩上升；起落速度由操作手柄和油门来调节。

注意事项：为了防止起吊重物时有侧载，在操作起升操作杆起升的同时，按住左操纵手柄上自由滑转开关或右操纵手柄上自由滑转开关，使其具有自由滑转功能，吊臂自由滑转对正重物重心，待重物离地后再松开自由滑转开关。

（2）臂架伸缩操作。

1）按下伸缩变幅切换开关或手柄上的伸缩变幅切换开关，操作手柄（右手柄）向左扳，吊臂伸出；向右扳，则吊臂缩回；速度由操作手柄和油门来调节。

2）对于程序伸缩的起重机，必须按规定编好程序后才能开始伸缩。在伸缩吊臂时，必须先伸出二节臂到位后，按动切换换臂开关，再伸出三、四、五节臂至规定的臂长；缩回吊臂时，则按相反顺序操作。

3）对于同步伸缩的起重机，当前一节臂架的行程长于后一节臂架时应视为不安全状态，应予以修正和检修。

注意事项：

1）在伸缩吊臂时，吊钩会随之升降。因此，在进行吊臂伸缩操作的同时要操纵起升机构操作杆，以调节吊钩高度。

2）在伸出吊臂后，经过一定时间，因液压油温变化会使吊臂稍微伸缩。为了避免吊臂的自然缩回，应注意不要使液压油温上升过高；吊臂发生自然回缩时，应适当进行伸缩操作来恢复所需长度。

3）不允许带载伸缩，伸缩动作只能在无外载状态下进行。

（3）主臂变幅操作。

1）按下伸缩变幅切换开关（伸缩变幅切换开关正常设置为变幅），将操作手柄（右手柄）右扳，落臂；左扳，起臂。其变幅速度由操纵柄和油门控制。

2）在进行副臂安装、倍率变换等操作需要降低吊臂时，应伸出支腿，将吊臂收回至全缩状态，降下吊臂，做完所需的安装后，升起吊臂，再伸长至所需长度。

注意事项：

1）只能垂直起吊载荷，不许拖拽未离地的载荷，避免侧载。

2）主臂仰角极限值不得超过规定。

3）开始和停止变幅操作时，要缓慢扳动变幅操作手柄。

（4）回转机构操作。

1）在回转之前，必须扳开转台锁止装置。

2）先松开机械锁，按住回转制动解除开关，操作手柄向右扳，转台向右转；操作手柄向左扳，转台向左转。

注意事项：

1）只能垂直起吊载荷，不许拖拽未离地的载荷，要避免侧载。

2）在开始回转操作前，应保持支腿的横向跨距符合规定值。

3）必须确保足够的作业空间。

4）开始和停止回转操作时，要慢慢地扳动回转机构操作杆。

5）不进行回转操作时，要求回转机构制动器处于制动状态。

（5）停机操作。

1）作业后，应将起重臂全部缩回放在支架上，再收回支腿。

2）用专用钢丝绳挂牢吊钩。

3）将车架尾部两撑杆分别撑在尾部下方的支座内，并用螺母固定。

4）将阻止机身旋转的销式制动器插入销孔，并将取力器操纵手柄放在脱开位置。

5）将所有控制手柄放至中位，关闭电源，锁住起重操纵室门。

### 三、起重机操作注意事项

（1）起重作业人员（指挥、司机、司索等）应经过培训，考试合格，持证上岗，严格按起重安全技术规程进行作业。

（2）起重作业，设专人指挥，统一指挥信号。指挥人员站在司机、司索视线范围内。

（3）司机工作时，要精力集中，专心操作，时刻观察设备运转情况，发现问题及时处理，不得随意离开工作岗位。

（4）开车前要鸣笛示意，启动要平稳，逐挡加速。

（5）起重机行走时，要与地下电缆沟、管沟和地锚坑等，保持一定距离，如需在上面通过时，应采取妥善的防护措施。

（6）起重机吊装重物时，机身要平稳，支腿要牢固，吊装时不准斜拉硬拽。严禁不支腿进行吊装作业。

（7）起重机在吊钩上挂绳索时，要使吊钩中心和设备重心相一致。

（8）起重机吊装时，通常先进行试吊，试吊高度为 200 mm 左右，试吊时间为 10min。试吊时检查机身有无异常情况。

（9）起重机停止工作时，要将重物放下，不准将重物悬在空中。

（10）起重作业范围内，非作业人员不得进入，起重臂和重物下面不得站人。

（11）起重机不准进行超负荷作业；对指挥信号不明，有权拒绝吊运工作，并提出纠正意见。

（12）用两台以上起重机抬吊大型设备时，要制定切实可行的吊装方案，并经批准后，方可进行工作。

（13）禁止用起重机吊拔埋置或冻住的物体；禁止抽吊交错挤压的物品；禁止起吊重量不清的物体。

（14）禁止随意减少起升钢丝绳的支数或平衡块的重量。

（15）汽车起重机不许负载行走。履带起重机和轮胎起重机一定要在允许的范围内负载行走，通过的路面要平整坚实，行走速度要缓慢均匀，及时换挡，禁止急刹车和急转向，以避免重物摆动。

（16）起重机翻转吊物时，不能盲目进行，要采取可靠措施，稳妥操作。

（17）司机离开起重机时，要将吊钩升起，吊臂回至初始位，控制器放在零位，关闭紧急开关，切断电源。

（18）做好交、接班工作，填好交接记录。

【思考与练习】

1. 起重机伸支腿操作步骤有哪些？
2. 起重机操作注意事项有哪些？
3. 主臂变幅操作步骤有哪些？

## ▲ 模块2 常见重物吊装（Z47G2002Ⅰ）

【模块描述】本模块介绍常见输变电工程物体的单机吊装方法，掌握柱子和桁架的吊装方法。

【模块内容】

流动式起重机在输变电工程中，使用十分广泛，使用方式有单机吊装、双机抬吊和多机抬吊。

本模块主要介绍常见重物的单机吊装。

一、单机吊装常用方法

1. 单机旋转扳立法

单机旋转扳立法适用于一般中小型管、柱构件的吊装。它的特点是吊装过程中振动小、效率高，但对起重机的回转半径和机动性要求较高。

布置作业现场时，将待吊装的管、柱构件管（柱）脚布置于靠近杯口位置，使管、柱构件的绑扎点、管（柱）脚与杯口中心三者均位于起重半径的圆弧上（即三点共弧），起吊时起重机边升钩、边回转，使管、柱构件绕管（柱）脚旋转而成直立状态，吊离地面后再插入杯口。

单机旋转扳立法见图10-2-1所示。

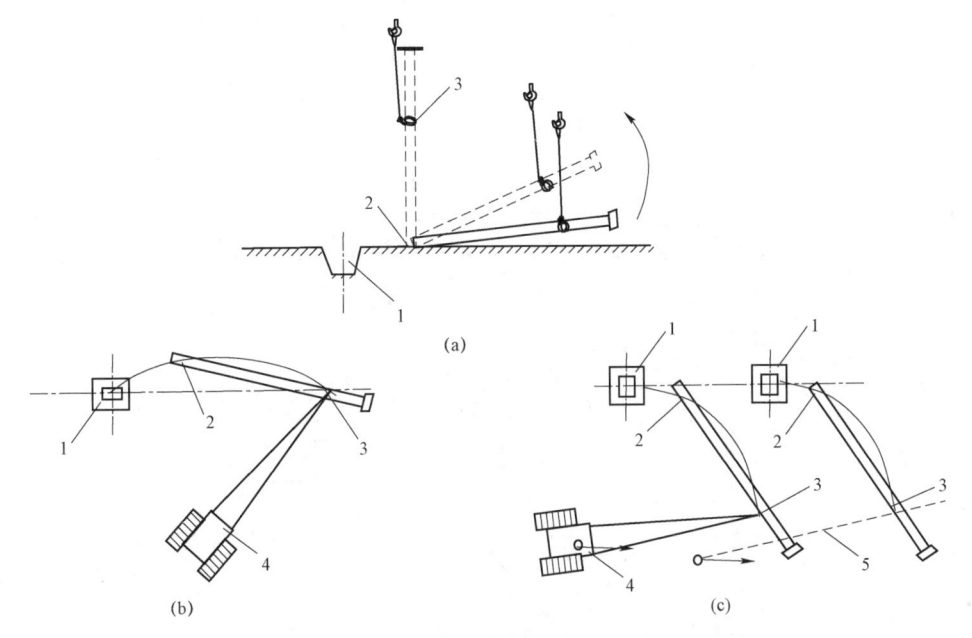

图10-2-1 单机旋转扳立法
（a）旋转搬立过程；（b）旋转搬立三点共弧；（c）旋转搬立平面布置
1—杯口；2—管（柱）脚；3—绑扎点；4—起重机；5—起重机移动路线

2. 单机滑移扳立法

单机滑移扳立法适用于狭窄场地细长物件的搬立吊装。它的特点是待吊装物件的布置灵活、操作简单（往往只做垂直起升操作），所需起重半径小，起重臂杆可在小范围内转动或变幅，但被吊装物件需沿地面滑行，有时还需与滑移设施配合。

布置作业现场时，使起重机吊钩靠近杯口，待吊装物件（如管、柱等构件）的绑扎点与杯口中心均位于起重半径的圆弧上（即两点共弧），起重机升钩起吊物件，使管（柱）脚沿地面滑行，直至管（柱）身直立吊离地面，插入杯口。

吊装较大物件时，物件在地面上滑行的阻力较大。为方便物件滑移，需要在物件根部设置滑移装置（如滚杠、钢轨、钢板、托排等）。在物件滑行方向上，设置手拉葫芦、卷扬机等牵引装置，进行牵引，防止产生斜拉、斜吊现象。在被吊物件上设置溜绳，保证物件滑移方向受控。

单机滑移扳立法吊装方式见图10-2-2所示。

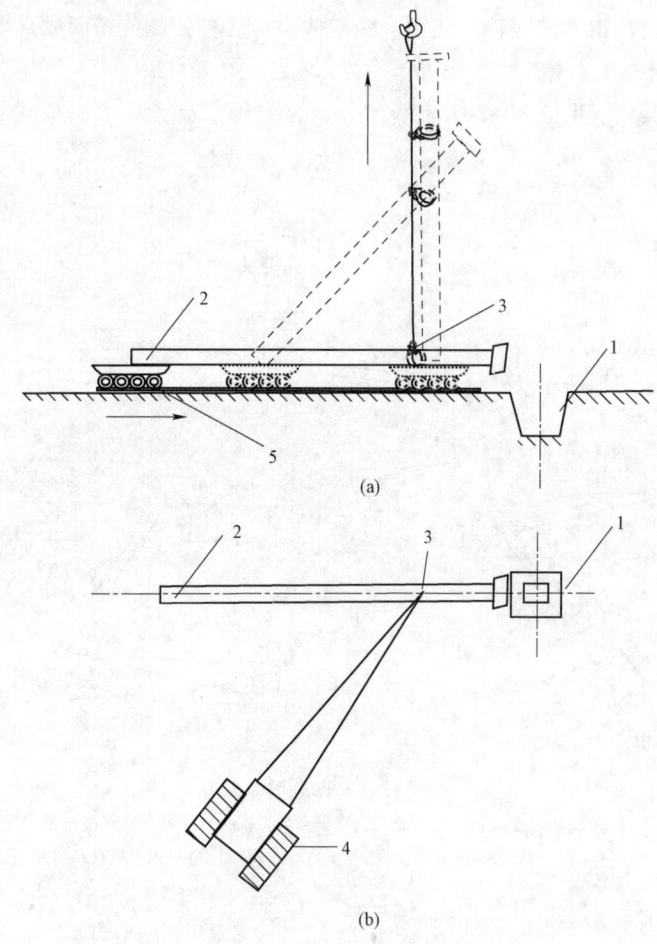

图 10-2-2 单机滑移扳立法
(a) 滑移扳立过程；(b) 滑移扳立平面布置
1—杯口；2—管（柱）脚；3—绑扎点；4—起重机；5—滑移托排

### 3. 单机直接吊装法

单机直接吊装法仅改变设备的原有位置，即将物件在原有状态直接吊起提升到所需的位置，不改变物件原有状态。它适用于卧式设备或低矮立式设备的吊装，如各种设备、材料的装卸车。

单机直接吊装法吊装桁架式横梁见图 10-2-3 所示。

## 二、单机吊装吊点选择及绑扎方法

### 1. 管柱类构件吊点选择及绑扎方法

（1）吊点选择方法。

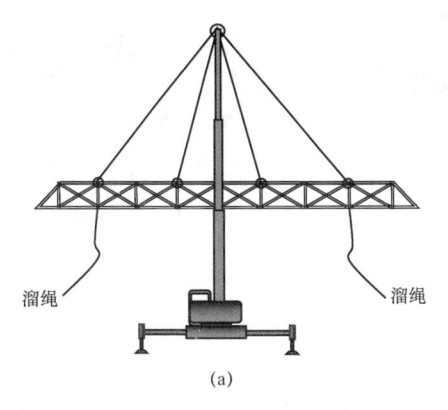

图 10-2-3 单机直接吊装法吊装桁架式横梁
(a) 桁架式横梁吊装示意图；(b) 桁架式横梁吊装实例

1）当采用一个吊点起吊时，吊点必须选择在构件重心位置垂直上方，使吊点、构件重心的连线与构件的横截面垂直；

2）当采用多个吊点起吊时，应使各吊点吊索拉力的合力作用点置于构件的重心位置垂直上方，使各吊索的汇交点（起重机的吊钩位置）、构件重心的连线与构件的支座面垂直。

（2）绑扎方法。管、柱类构件的绑扎位置和绑扎数量的选择，根据构件的形状、断面、长度、配筋部位和起重机性能确定。中小型管、柱常绑扎一点，重型柱或配筋少而细长的柱类构件则需绑扎两点以上。两吊点间应使用滑轮与起吊绳连接。常用的管、柱类构件绑扎方法有斜吊绑扎法、直吊绑扎法两种。

1）斜吊绑扎法。管、柱类构件刚度能满足平卧起吊要求时，可以采用斜吊绑扎法。此方法的优点是吊装时物件无需翻身，起重钩低于物件上顶端，当物件较长、起重机臂长不足时较为方便。缺点是起吊后物件倾斜，物件下底端与杯底不垂直，对中就位较困难。斜吊绑扎法见图10-2-4所示。

2）直吊绑扎法。当管、柱类构件刚度不能满足平卧起吊的要求时，采用直吊绑扎法。绑扎时，吊索从物件两侧引出，上端通过卡环或滑轮挂在物件上方的扁担梁上。起重机先将物件竖起至垂直状态，再起吊物件将其插入杯口。采用该方法，由于物件上方的扁担梁高于物件竖起后的顶端，因此起重臂长度稍长。

物件绑扎时应根据物件重量选择吊索和卸扣，采用穿套结索法，将吊索在物件上穿绕两圈以上，防止物件吊起后发生滑脱。

图10-2-5是垂直吊法绑扎示例，吊索从物件的两侧引出，上端通过卡环或滑轮挂在扁担梁上，对于断面较大的物件可用长短吊索各一根绑扎。

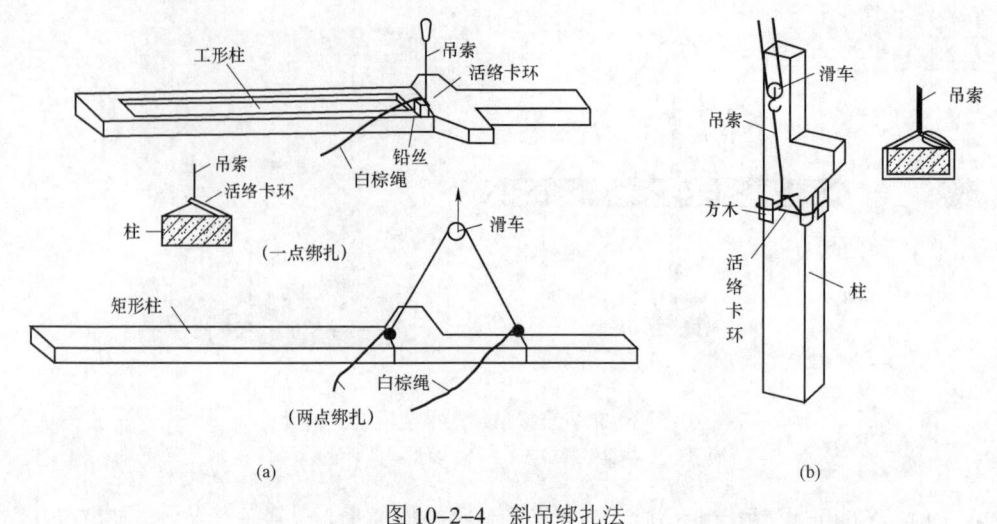

图 10-2-4 斜吊绑扎法
(a)斜吊绑扎法示意（起吊前）；(b)斜吊绑扎法示意（起吊后）

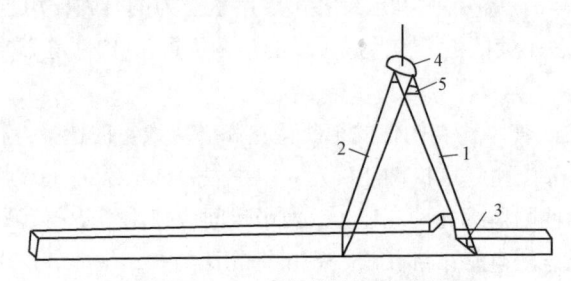

图 10-2-5 垂直吊法绑扎示例
1—第一支吊索；2—第二支吊索；3—活络卡环；4—扁担梁；5—滑车

2. 桁架类构件吊点选择及绑扎方法

（1）吊点选择方法。桁架类构件的吊装属于长方体物体吊装。一般采用双吊点、四吊点或多点吊装方法。

1）双吊点法。设物件长度为 $L$，若采用双吊点法，两吊点距物件端部的距离约为 $0.21L$（出处），吊钩中心应与重物重心在同一铅垂线上，提升前应进行试吊，使重物获得平衡。双吊点法见图 10-2-6 所示。

2）四个吊点法。设物件长度为 $L$，若采用四个吊点法，四个吊点的位置应对称，外侧的吊点分别距两端的距离为 $0.095L$；中间两个吊点对称布置在物件重心两侧，距离为 $0.27L$。吊钩中心应与重物重心在同一铅垂线上，提升前应进行试吊，使重物获得平衡。四个吊点法如图 10-2-7 所示。

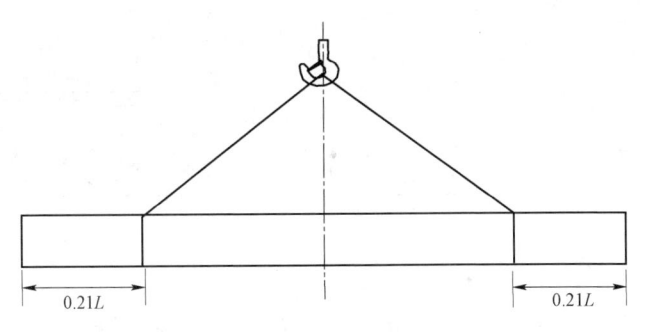

图 10-2-6　双吊点法

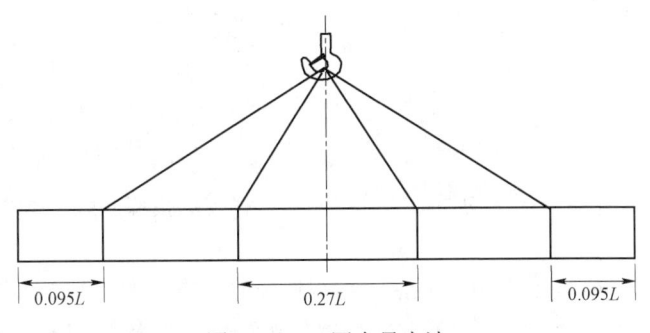

图 10-2-7　四个吊点法

3）多吊点平衡法。若桁架类构件过长且易变形，常采用多吊点平衡法。此时吊点应选在物件的上弦节点处，左右对称。绑扎中心（即各支吊索的合力作用点）必须高于物件重心，使物件起吊后基本保持水平，不晃动、不倾翻。吊索与水平线的夹角不宜小于45°，以免物件承受过大的横向压力，必要时可采用扁担梁（平衡梁）。多吊点平衡法如图 10-2-8 所示。

（2）绑扎方法。桁架类构件的绑扎应根据作业的类型、环境、物件的重心位置来确定。可以采用吊带或钢丝绳进行捆扎。

三、单机吊装步骤

（1）根据作业现场环境，被吊物体重量、体积、摆放位置、就位位置，吊高和作业半径等要求，将起重机摆放在合适的位置。

（2）检查、调整、确认起重机的水平状态，确保符合要求。

（3）按选择的吊装、捆扎方法进行捆绑，必要时在物件上稳妥设置手扳葫芦、牵引绳、托排、溜绳等配合吊装工器具。

（4）操作起重机的液压系统，按"抬臂""回转""降钩"的顺序，将吊钩放在被吊物件捆扎点位置上方，将起吊索具安放在吊钩上。

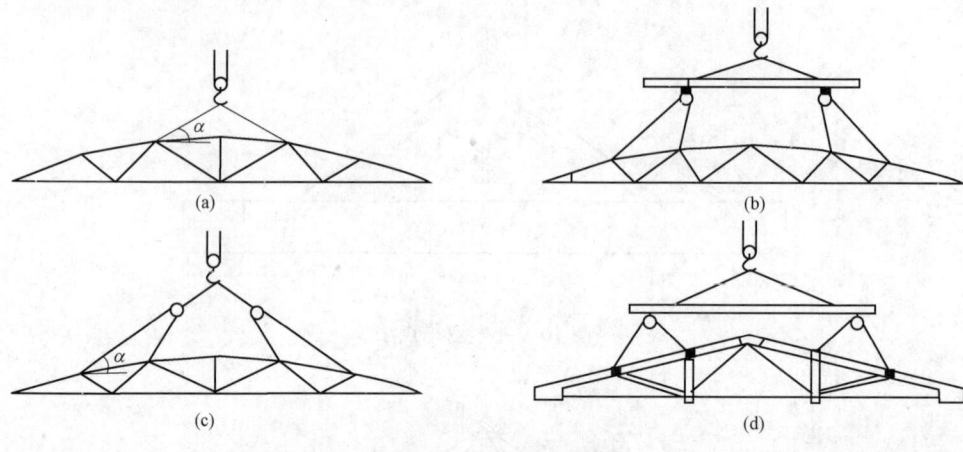

图 10-2-8　多吊点平衡法
(a) 分图一；(b) 分图二；(c) 分图三；(d) 分图四

（5）确认千斤绳系挂、物件捆绑等牢固后，在现场指挥的统一指令下，操作起重机进行试吊。

（6）试吊无误后，进行正式吊装。根据选择的吊装方法，通过起重机起升、回转（摆杆）、变幅操作，将物件就位至指定位置。必要时，利用手扳葫芦、卷扬机、托排、溜绳等滑移装置与吊机配合，实现物件就位。

（7）安装固定被吊物件，拆除吊装索具及其他工器具。

### 四、单机吊装注意事项

（1）使用起重机时，应根据现场作业环境和物件的重量、尺寸和位置等条件，选择合适的吊装作业工况。吊装计算载荷应小于吊车在该工况下的额定起重量，不允许超负荷作业。

（2）起重机支放支腿前，应了解地基的承压能力，尽量避开地下设施，合理选择支腿操垫物。

（3）起重机起吊作业前，应按规定位置、臂长、幅度、旋转范围进行空钩试吊。

（4）物件被吊离地面 10～20cm 时，要停止起吊，检查被吊物件和起重机的稳定性。确认正常后，方可继续操作。

（5）绑扎时应优先选用物件自身吊点，如果本身没有吊点的，选用的吊点位置应能保证吊件的稳定与平衡。

（6）为防止升、移位中发生翻转、摆动、倾斜，应使吊钩与被吊物件重心在同一条铅垂线上。

（7）吊点的选择应考虑物件本身的刚度，不能满足要求的管柱类构件一般采用直吊绑扎法，桁架类细长物件应强度验算后选择多点吊装法，必要时采用平衡滑轮等装置。

（8）物件与吊臂之间的安全距离应不小于300mm；吊钩与物件及吊臂之间的安全距离应大于100mm；起重机、物件与周围设施的安全距离应大于200mm；吊装过程中，吊钩偏角应小于3°。

（9）带电作业时，起重机、吊臂及物件与带电线路应按照国家电网公司《电力安全工作规程》保持足够的安全距离，如下表10–2–1所示。

表 10–2–1　　　　　　　吊装作业时与带电体的最小安全距离

| 电压（kV） | <1 | 1~10 | 35~63 | 110 | 220 | 330 | 500 |
| --- | --- | --- | --- | --- | --- | --- | --- |
| 最小安全距离（m） | 1.5 | 3.0 | 4.0 | 5.0 | 6.0 | 7.0 | 8.5 |

（10）操作起重机的变幅应平稳，防止吊物冲撞起重机。
（11）吊物悬在空中时，操作人员不得离开操作室。
（12）吊物需要进行位置旋转、摆动时，应用缆风绳缓慢进行调整。
（13）起吊在满负荷或接近满负荷时，严禁降落臂杆或同时进行两个以上操作。
（14）操作起重机时，要听从指挥人员的指挥。信号不明或可能引起事故时，应鸣喇叭向指挥人员示警，并暂停一切操作。

【思考与练习】
1. 如何用单机吊装管柱类物件？
2. 单机吊装桁架类物件时，如何设置吊点？
3. 单机吊装注意事项有哪些？

## ▲ 模块 3　流动式起重机双机抬吊（Z47G2003Ⅱ）

【模块描述】本模块介绍流动式起重机双机抬吊的基本方法和操作。通过定义讲解和案例分析，掌握双机抬吊滑行法、递送法、旋转法等基本方法。
【模块内容】
双机抬吊是采用两台起重机，通过合理分配载荷，对设备或构件进行抬吊就位的吊装方法。在输变电施工中，双机抬吊多采用流动式起重机。常见双机抬吊方法有旋转法、滑行法、递送法。

一、双机抬吊旋转法

双机抬吊旋转法是指用两台流动式起重机（以下简称起重机）同步作业，共同完成起吊、变幅、回转，将起吊重物吊至指定位置。两台起重机尽量选用性能接近的。

双机抬吊旋转法作业步骤如下：

1. 施工准备

（1）编制施工方案并按程序审批。

（2）工器具准备。

（3）清理障碍，平整加固场地。对作业场地的地基进行加固处理，对于一般重量物体吊装，采用钢板或路基箱加固，对于大型、特大型设备的吊装，要设计专用基础。

2. 吊车组装及试运转

（1）使用履带式起重机时，要对履带式起重机进行现场组装，组装完成后要检验取证方可投入使用。

（2）使用汽车起重机时，如果需要加装副臂，则在现场完成。

（3）进行起吊、伸缩、变幅、回转等工作机构以及安全防护装置试运转，检查起重机各部分性能是否良好。

（4）按实际吊装工况，检查起重机起升高度、作业半径能否满足实际吊装需要。

3. 现场布置

（1）所选择的两部起重机同型且同吨位时，双机位于设备首尾端两侧均匀分布站位。

（2）当选择的两部起重机性能有较大差异时（不同型号或一大一小吊车），两部起重机需要根据各自的作业半径和工作幅度站位，核对吊装工况，负载量不得超过各自额定起重能力的75%。

4. 系挂吊具

两部吊车选择设备首尾站位，因此主机吊点系挂于设备前（上）端，辅机吊点系挂于设备尾（下）端。

长、大、易变形物体吊点的系挂，可能不只限于首尾两吊点。若设备轴向上安排三个及以上吊点，双机抬吊作业时，起吊两个及以上吊点的起重机，应在其所吊各吊点间设平衡机构（平衡滑车），使各吊点负载均衡。

5. 检查及试吊

（1）组织相关人员对吊车、工器具和地锚等进行全面检查。

（2）对设备进行试吊。

6. 正式起吊

（1）双机同时缓慢起升，将设备吊离地面，在许可的作业范围内作起升、变幅和回转操作。

（2）重物起升至所需高度后，双机同时进行变幅和回转操作，将重物往基础位置吊运。

7. 设备就位

重物吊运至安装位置上空，降钩，调整，对准安装位置，降钩，就位。

8. 撤场

（1）履带吊在现场进行分解，拆除（拆除履带、配重及臂杆等），装车，运输撤场。

（2）汽车吊在现场拆除副臂，收好吊臂、支腿，撤离现场。

（3）现场工器具撤出现场，清理场地。

## 二、双机抬吊递送法

双机抬吊递送法是指主机吊起设备的上端，在许可范围内起升、变幅和旋转，辅助吊机在吊装初始阶段，将物体的另一端吊离地面，通过缓慢变幅、起（降）钩、回转等动作将物体重心逐渐向主吊机下实施递送。当设备上端随主机逐步提升，设备在辅机的递送和提升下逐渐旋转至直立状态，再由主机吊起重物，在小范围内实施变幅和旋转动作将重物吊至指定位置就位。双机抬吊递送法根据选择不同的起重方式可分为双机固定递送法、单机跑吊递送法和双机跑吊递送法。

主、辅机固定不动，起重机依靠起升、变幅、回转等工作机构实现设备的递送，称之为双机固定递送法（见图10-3-1）。

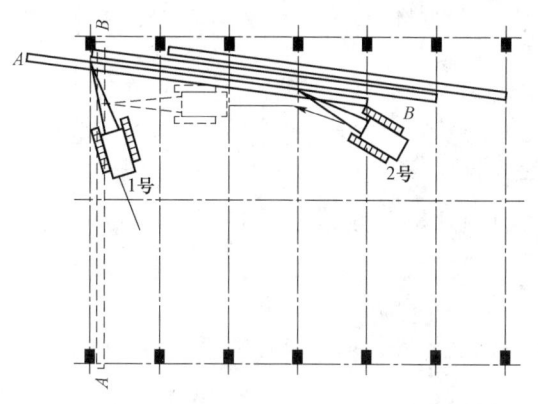

图 10-3-1　双机抬吊递送法双机固定递送法

主机定位不动，选作辅机的履带吊，在起重工况和地基允许的状态下负重递送，称之为单机跑吊递送法（见图10-3-2）。

主、辅两机均选择履带吊，则可在起吊工况和地基允许的状态下同时负重行走，称之为双机跑吊递送法（见图10-3-3）。

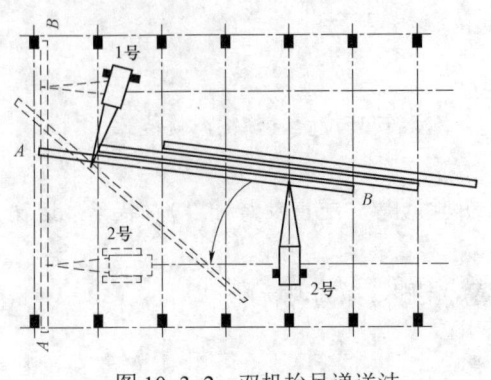

图 10-3-2 双机抬吊递送法
单机跑吊递送法

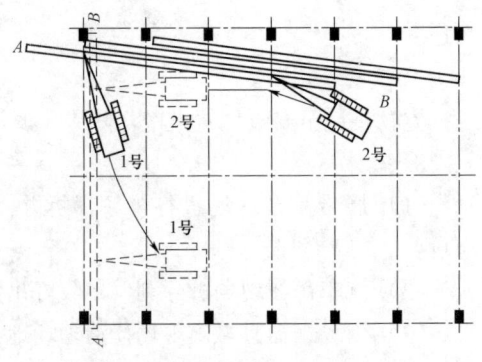

图 10-3-3 双机抬吊递送法
双机跑吊递送法

双机抬吊递送法作业步骤如下：

1. 施工准备

（1）编制施工方案并按程序审批。

（2）工器具准备。

（3）清理障碍，平整加固场地。对作业场地的地基进行加固处理，对于一般重量物体吊装，采用钢板或路基箱加固，对于大型、特大型设备的吊装，要设计专用基础。

2. 吊车组装及试运转

（1）使用履带式起重机时，要对履带式起重机进行现场组装，组装完成后要检验取证方可投入使用。

（2）使用汽车起重机时，如果需要加装副臂，则在现场完成。

（3）进行起吊、伸缩、变幅、回转等工作机构以及安全防护装置试运转，检查起重机各部分性能是否良好。

（4）按实际吊装工况，检查起重机起升高度、作业半径能否满足实际吊装需要。

3. 现场布置

（1）双机位于设备首、尾端两侧对称站立。

（2）主机固定站位设备安装位置或基础旁，辅机位于设备尾部端或中部适合位置。

（3）选择的吊车均为汽车吊时要根据现场情况，对主辅两机的摆放位置统一布局，主、辅双机采取多次递送。

4. 系挂吊具

两部吊车选择设备首尾站位，因此主机吊点系挂于设备前（上）端，辅机吊点系挂于设备尾（下）端。

长、大、易变形物体吊点的系挂，可能不只限于首尾两吊点。若设备轴向上安排三个及以上吊点，双机抬吊作业时，起吊两个及以上吊点的起重机，应在其所吊的吊点间设平衡机构（平衡滑车），使各吊点负载均衡。

重物为圆柱体时，应用缠绕法捆绑，钢丝绳或吊带缠绕系挂应不少于两圈。

5. 检查及试车

（1）组织相关人员对吊车、工器具和地锚等进行全面检查。

（2）对设备进行试吊。

6. 正式起吊

双机同时缓慢起升，将设备吊离地面，主机在许可的作业范围内作起升、变幅和旋转操作。辅机随主机操作将重物往主机或基础位置递送。

选择的吊车为履带吊时可进行单机跑吊或双机跑吊递送。

设备搬立：设备前端随主机起吊上升，设备尾端由辅机递送至要求位置。

7. 设备就位

（1）主、辅机共同配合，将设备吊运至安装基础进行就位。

（2）当设备呈竖立状态时，辅机摘去吊具，设备上端在主机控制下继续起升至所需高度，结合回转、变幅操作，将设备吊至安装位置就位。

8. 撤场

（1）履带吊在现场进行分解，拆除（拆除履带、配重及臂杆等），装车，运输撤场。

（2）汽车吊在现场拆除副臂，收好吊臂、支腿，撤离现场。

（3）现场工器具撤出现场，清理场地。

### 三、双机抬吊滑行法

双机抬吊滑行法是指吊装过程中重物前（上）端经起重机提升离地后，尾（下）端采用托排（尾排）移送的方法，使重物从初始的水平状态直至设备呈直立状态的吊装过程。双机抬吊滑移法通常有两种：钢轨滑移法和滚杠滑移法。

1. 双机抬吊钢轨滑移法

双机抬吊钢轨滑移法是指设备一端经流动式起重机提升离地后，另一端采用托盘托起，托盘下方为钢轨滑道（托盘底面具有与钢轨相配合的滑移槽道），钢轨下方搭设牢固可靠的枕木排架。设备底端滑移方向设置由地锚、滑轮组、卷扬机组成的牵引系统，提供设备滑移动力；设备底端滑移反方向设置由地锚、滑轮组、卷扬机组成的溜放系统，保证设备缓慢匀速滑移。双机抬吊钢轨滑移法现场布置示意如图 10-3-4 所示。

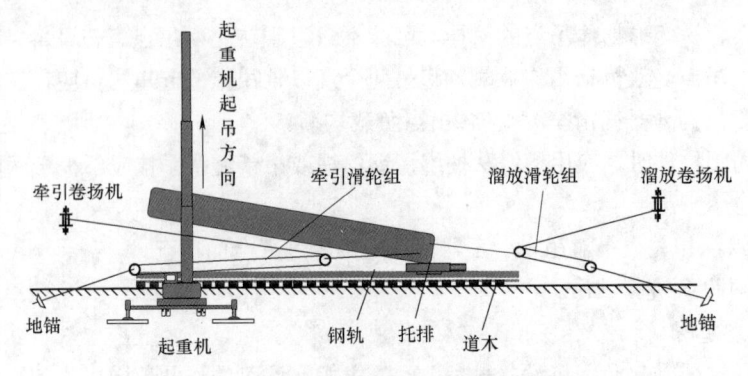

图 10-3-4　双机抬吊钢轨滑移法现场布置示意

**2. 双机抬吊滚杠滑移法**

双机抬吊滚杠滑移法是指设备一端经流动式起重机提升离地后，另一端采用托盘托起，托盘下方是由道木排架、钢板（箱梁）、滚杠组成的滚杠滑道（滚杠滑道布置顺序：底层为道木排架，道木排架上方为钢板，钢板上方为摆设均匀的滚杠）。设备底端滑移方向设置由地锚、滑轮组、卷扬机组成的牵引系统，提供设备滑移动力；设备底端滑移反方向设置由地锚、滑轮组、卷扬机组成的溜放系统，保证设备缓慢匀速滑移。双机抬吊滚动滑移法现场布置示意如图 10-3-5 所示。

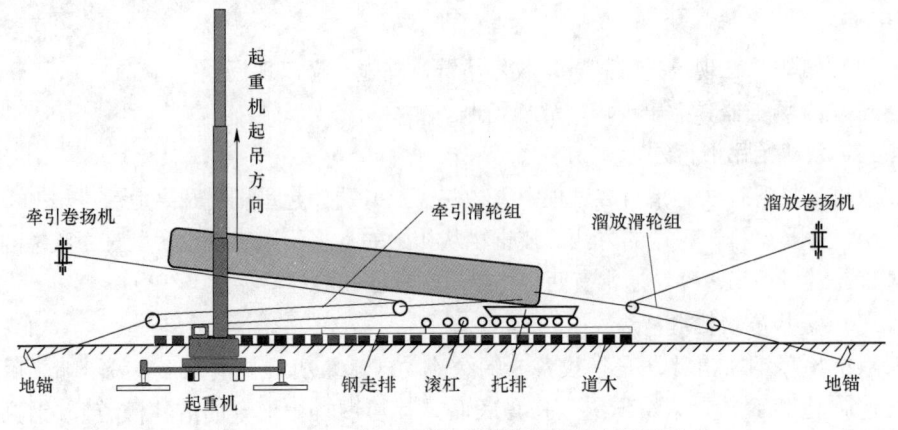

图 10-3-5　双机抬吊滚动滑移法现场布置示意

**3. 双机抬吊（钢轨、滚杠）滑移法操作步骤**

双机抬吊钢轨滑移法与滚杠滑移法工作原理相同，操作步骤相近，故二者操作步骤如下：

（1）施工准备。

1）编制施工方案并按程序审批；

2）工器具准备；

3）清理障碍，平整加固场地。对作业场地的地基进行加固处理，对于一般重量物体吊装，采用钢板或路基箱加固；对于大型、特大型设备的吊装，要设计专用基础。

（2）吊车组装及试运转。

1）使用履带式起重机时，要对履带式起重机进行现场组装，组装完成后要检验取证方可投入使用。

2）使用汽车起重机时，如果需要加装副臂，则在现场完成。

3）进行起吊、伸缩、变幅、回转等工作机构以及安全防护装置试运转，检查起重机各部分性能是否良好。

4）按实际吊装工况，检查起重机起升高度、作业半径能否满足实际吊装需要。

（3）现场布置。

1）双机位于设备一端部两侧对称站立。

2）按照图 10-3-4 或图 10-3-5 安装牵引、溜放卷扬设备，设置溜放地锚，放置滑道（钢轨滑移）或滚杠（滚动），放置托排（尾排）。

3）利用两部吊车将设备尾部抬放至托排上。

4）将卷扬机、滑轮组、地锚绳与设备根部的总千斤绳相连接。

（4）系挂吊具。

1）两部吊车选择对称站位，因此吊点亦对称系挂。

2）重物为圆柱体时，应用缠绕法捆绑，钢丝绳或吊带缠绕系挂应不少于两圈。

（5）检查及试吊。

1）组织相关人员对吊车、工器具和地锚等进行全面检查。

2）对设备进行试吊。

（6）正式起吊。

1）双机同时缓慢起升，在吊车许可的作业范围内稍做变幅和旋转操作。

2）根据双机起升速度，卷扬机牵引致托排随轨道滑移或滚杠滚动，设备前端随吊车上升，根部随牵引向吊车站位位置滑移。溜放牵引设备同时松绳并稍有张力。当设备呈竖立状态时，设备上端在双机控制下继续起升，设备尾部有前冲趋势，此时，溜放牵引受力逐渐增大，应注意控制溜放速度，使之缓慢脱排。

（7）设备就位。

设备脱排离地后，暂停起重机的操作，待设备稳定后，双机再同时起升，使设备至所需高度，结合旋转或变幅操作，将设备吊至安装位置就位。

(8) 撤场。

1) 履带吊在现场进行分解，拆除（拆除履带、配重及臂杆等），装车，运输撤场。

2) 汽车吊在现场拆除副臂，收好吊臂、支腿，撤离现场。

3) 拆除吊装工器具（卷扬机、滑轮组、滑道或滚杠、地锚、钢板或路基箱等），清理场地。

### 四、双机抬吊工艺流程

双机抬吊工艺流程见图 10-3-6。

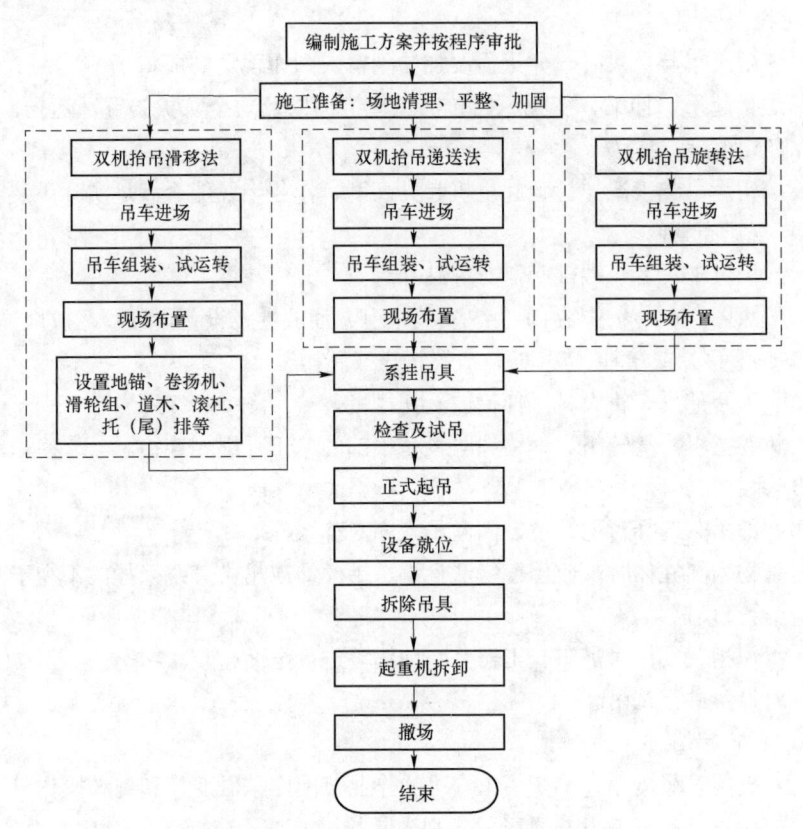

图 10-3-6 双机抬吊工艺流程图

### 五、双机抬吊安全注意事项

1. 指挥与信号

（1）起重作业人员必须熟悉起重机的性能。

（2）起重作业人员必须持证上岗。双机抬吊作业比较复杂，指挥人员必须经验丰富。

（3）双机抬吊时应明确各岗位职责，各岗位应协调配合，统一指挥。

（4）双机抬吊作业指挥人员与起重机操作人员应明确指挥信号。指挥信号必须是色旗信号与口笛信号联用，同时指挥人员和各环节监督人员均要配备对讲机，以便联系沟通。

（5）指挥人员必须站在两台起重机司机都能看到的地方（必要时应设立信号传递人员岗位），而且应尽可能地靠近重物，以便及时掌握起吊情况，能随时与监护人员联系，及时处理遇到的问题。

2. 地基处理

（1）双机抬吊递送时，地基一定要坚固可靠，必要时要铺垫钢板或路基箱。

（2）大型、特大型设备的吊装其主机要设计专用基础，以保证起吊过程中的安全。

3. 起吊前检查

（1）起重机各工作机构、安全防护装置、制动器及各指示仪表齐全完好。

（2）钢丝绳及连接部件符合规定。

（3）起重机燃油、润滑油、液压油、冷却水等添加充足。

4. 试吊

起吊重物时应先试吊，使重物稍离地面，当确认重物已挂牢，起重机的稳定性和制动器的可靠性均良好，再继续起吊，以便及时发现和消除不安全因素。

5. 掌握吊装平衡

（1）作业时，吊车起重臂的最大仰角不得超过出厂规定。无资料可查时，不得超过78°。防止起重臂后倾造成重大事故。

（2）在重物起升过程中，操作人员应把脚放在制动踏板上，密切注意起升重物状态。起重机停止运转而重物仍悬在空中时，即使制动踏板被固定，仍应脚踩在制动踏板上，一旦发生险情时可及时控制，以保证吊装作业的安全可靠。

（3）抬吊高长比值较大的重物，严格控制起升速度，注意重物水平度的变化，随时调整，避免因水平度变化给起重机负荷分配带来较大影响。

（4）在双机抬吊时，两台起重机的起升速度不可能完全相同，重物不可能同时吊离两个（或两个以上）支承点，先被吊离支承点一端的起重机的负荷量较大，指挥员应根据现场情况及时进行调整平衡。

（5）双机抬吊时，起重机的负荷量不得超过各自额定起重能力的75%。

（6）当起重机带载行走时，荷载不得超过允许起重量的70%。行走道路应坚实平整，重物应在起重机正前方，重物离地面不得大于500mm，并应栓好溜绳，缓慢行驶。严禁长距离带载行驶。

（7）双机抬吊中的起重机行走或回转时，也会因两台起重机的相互牵扯而增加起重机的负荷量。因此，一台起重机不得同时进行两个机构的操作；两台起重机只能同时进行同样性质的动作，而且动作应平稳。

6. 吊点及系挂

（1）若设备轴向上安排吊点在三个及以上双机抬吊作业时，起吊两个及以上吊点的起重机应在其所吊的各吊点间设平衡机构（平衡滑车），使各吊点负载均衡。

（2）吊点选择后，须对两部起重机的载荷分配进行验算。

（3）吊装的设备如需加装吊耳，须对吊耳进行强度验算。

【思考与练习】

1. 双击抬吊有哪些吊装方法？
2. 双机抬吊安全注意事项有哪些？
3. 双击抬吊滑移法操作步骤有哪些？

国家电网有限公司
技能人员专业培训教材 起重设备操作

# 第十一章

# 流动式起重机保养与常见故障排除

## ▲ 模块1 流动式起重机维护与保养（Z47G3001Ⅰ）

【模块描述】本模块介绍流动式起重机的例行保养、定期检查与保养项目，通过要点讲解，熟悉例行检查、定期检查与保养项目；掌握清洗、检查、润滑、紧固调整的基本方法和程序；掌握定期保养的周期。

以下重点介绍流动式起重机维护保养的分类与间隔周期、内容及注意事项。

【模块内容】

流动式起重机（以下简称起重机）在使用中，各运动件产生有形磨损、连接件产生松动、电液控制元器件产生积尘结垢、缺油和油液变质、机械零件的装配关系发生变化、金属结构产生腐蚀，从而引起起重技术性能、经济性能和安全性能都不同程度地降低，因此，在起重机零件磨损尚未达到极限磨损程度和产生故障之前，为预防和消除隐患，保证起重机经常处于良好技术状态，应对起重机进行维护保养。

一、起重机维护保养的分类与间隔周期

保养可分为例行保养、定期保养、换季保养、走合保养。

1. 例行保养

例行保养是起重机在每日作业前，运转中及作业后，所进行的检查、清洁和预防性保养措施。"例保"工作由司机进行。

2. 定期保养

定期保养是起重机工作一定时间后，所进行的一种预防性维护保养措施。定期保养可分为一级保养、二级保养和三级保养。一级保养以紧固和润滑为中心，二级保养以检查、调整为中心，三级保养以解体检查，消除隐患为中心。一级保养的间隔期为工作100h，二级保养为工作600h，三级保养为工作1800h。通常经过三次三级保养后，到第四周期时应对整机进行大修。

3. 换季保养

换季保养是起重机在季节温度变化时所进行的一种适应性保养，其主要作业内容是更换适合不同季节气温的燃油，润滑油及液压油等。

4. 走合保养

走合保养是新机或大修后起重机，在投入使用初期所进行的一种磨合性保养。一般走合期规定为实际运转工作100h。走合期满，应对各润滑部位进行一次彻底清洗，然后加注新油；对各工作机构的技术状况进行全面检查，确定情况良好，方可投入正常使用。

二、起重机维护保养的内容

（一）上车作业部分维护与保养

1. 上车液压系统的维护保养

（1）上车液压系统组成：

1）液压油：传递动力的媒介；

2）液压泵：将机械能转化为液压能；

3）控制阀：调节压力、流量，有溢流阀、流量控制阀、方向控制阀等；

4）液压执行器：液压马达和液压油缸，将液压能转换为机械能；

5）密封件：防止液压油泄露。

（2）液压油滤清器的更换。一般新机工作100h后应更换液压油和滤芯，以后每工作1500h或18～24个月更换一次。

液压油滤清器的更换步骤如下：

1）整体式液压油滤清器的更换：

a. 使用专用扳手拆除起重机上的液压油滤清器，滤清器内的油应倒入专用盛油容器里，按规定处理，以免污染环境。

b. 在新滤清器的接口垫圈处涂抹液压油。

c. 按说明书规定，用手将滤清器拧入、拧紧，再使用专用扳手拧入3/4圈。

d. 起动发动机，液压系统运转正常，无漏油现象，滤清器更换完成。

2）分体式液压油滤清器的更换：

a. 根据滤清器的结构，使用工具拆除、分解液压油滤清器，保养或更换新滤芯。滤清器内的油应倒入专用盛油容器里，按规定处理，以免污染环境。

b. 按拆除的相反程序，装复液压油滤清器。

c. 起动发动机，液压系统运转正常，无漏油现象，滤清器更换完成。

（3）液压油的过滤或更换及油箱的清洗。如果液压油污染较为严重但没有变质，就需要对液压油过滤再利用。如液压油已变质不能再使用，必须更换液压油。液压油的牌号和加油量依据使用说明书。在更换液压油的同时应对油箱进行清洗，以防止油液的污染。

1）过滤液压油。在过滤液压油前，应将所有的油缸收缩到底。用过滤液压油装置将油箱中的液压油抽到干净的油桶里，油箱底部剩下的油液可以通过放油口放出，用过滤的油液将油箱底部的杂质冲洗出来。用过滤装置将油桶中的油液过滤后注入油箱中。将所有马达适当运转至少 30s，至少使油缸完成一次伸和缩。这样可使马达、油缸和油管中的大部分油液冲出来。

2）清洗液压油箱。将油箱内的液压油全部放出，拆除液压滤芯，把泵和油箱之间的管路从泵的接口处拆开，放出管路内的油液。用清洗油液冲洗液压油箱和管路。用医用纱布把液压油箱内部擦净。液压油箱和滤芯筒内必须彻底清理干净。更换新的液压滤芯，上好盖板。

2. 伸缩、变幅、操纵及起升机构维护保养

1）起重臂外观检查，应无变形、裂损。
2）各伸缩机构滑轮应完好，转动自如，滑轮应注入润滑脂。
3）卷绳机构和排绳器应完好。
4）起重臂滑块应完好，并涂抹润滑脂。
5）起重臂支撑销应完好，并注入润滑脂。
6）变幅油缸支撑销检查，注入润滑脂。
7）上车操纵手柄检查调整，保证初始位正确。
8）检查吊钩轴承，注入润滑脂。检查吊钩防脱钩装置，保证完好。检查吊钩磨损情况，确保不超过规定。
9）检查起吊钢丝绳导向滚轮完好，注入润滑脂，保证滚动自如。
10）起重臂的调整：

a. 将吊臂仰角至 60°，使各节臂伸出 2~3m，然后收缩到底，反复几次，先调整细拉索、再调整粗拉索。

b. 将吊臂回缩到位落至 –2°~–1°，先同步调整细拉索、然后再同步调整粗拉索。

c. 使吊臂起至仰角 30°，全伸、全缩 1~2 次，使整个吊臂伸缩同步并没有抖动现象。

d. 锁紧细拉索上的螺母，再锁紧粗拉索上的螺母。

e. 调整注意事项：

a）调整时，如吊臂抖动，两吊臂间滑块接触面应涂抹润滑脂；
b）涂抹时吊臂不得全伸落下，只可两个节臂伸出落下涂抹。

3. 回转机构维护保养

（1）回转机构简介。回转减速机安装在转台上，该机构由回转减速机、液压马达组成。高速液压马达驱动行星减速器，将动力由输出小齿轮输出，小齿轮与固

定在车架上的回转支承台齿轮啮合运动，即自转又公转，从而带动起重机上车回转作业。

回转机构制动器为多片湿式制动器，制动器处于常闭状态，当压力油进入制动器时，制动器处于打开状态，机构可以自由滑转。回转支承结构型式如图 11-1-1 所示。

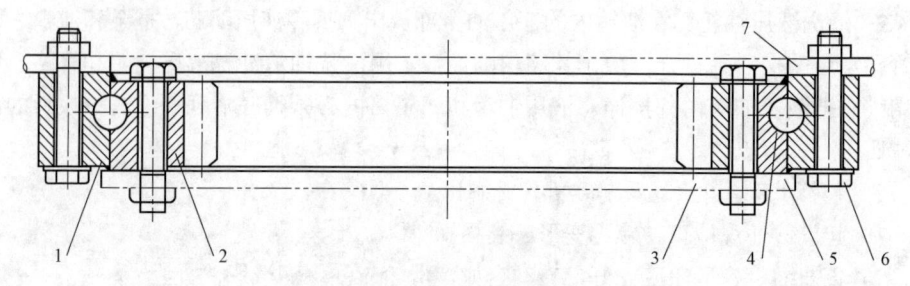

图 11-1-1　回转支承结构
1—外圈；2—内圈；3—车架；4—钢球；5—防尘圈；6—固定螺栓；7—转台

（2）回转机构维护保养。

1）回转机构减速器应定期检查更换齿轮油；

2）回转机构制动器应定期检查，维护；

3）回转机构齿轮连接螺栓应定期检查，并按规定进行紧固。滚道定期注入润滑脂。机构每工作 500h，应检查一次预紧力，每工作 100h 润滑滚道一次。

4. 钢丝绳的维护保养

（1）钢丝绳外观检查完好，应无断丝、断股、锈蚀、散股变形。

（2）钢丝绳涂抹润滑脂。

（3）钢丝绳夹完好，无松动。

5. 上车部分关键部位润滑表（见表 11-1-1）

表 11-1-1　　　　　　上车部分关键部位润滑表

| 序号 | 润滑部位 | 润滑点数 | 润滑油类 | 润滑时间及方法 |
| --- | --- | --- | --- | --- |
| 1 | 吊钩定滑轮组 | 2 | 润滑脂 | 每工作 56h 黄油枪注油一次 |
| 2 | 转向滑轮 | 2 | 润滑脂 | 每工作 56h 黄油枪注油一次 |
| 3 | 吊钩动滑轮组 | 2 | 润滑脂 | 每工作 56h 黄油枪注油一次 |
| 4 | 变幅油缸上绞 | 2 | 润滑脂 | 每工作 56h 黄油枪注油一次 |
| 5 | 配重油缸上绞 | 2 | 润滑脂 | 每工作 56h 黄油枪注油一次 |
| 6 | 卷扬机构轴承 | 4 | 润滑脂 | 每工作 56h 黄油枪注油一次 |

# 第十一章 流动式起重机保养与常见故障排除

续表

| 序号 | 润滑部位 | 润滑点数 | 润滑油类 | 润滑时间及方法 |
|---|---|---|---|---|
| 7 | 卷扬机构齿轮副 | 3 | 润滑脂 | 每工作 56h 黄油枪注油一次 |
| 8 | 吊臂绞轴 | 2 | 润滑脂 | 每工作 56h 黄油枪注油一次 |
| 9 | 走行减速器 | 2 | 90 号齿轮油 | 每工作 24h 换油一次 |
| 10 | 油泵分动箱 | 1 | 90 号齿轮油 | 每工作 24h 换油一次 |
| 11 | 轮轴轴端轴承 | 16 | 锂基脂 | 每工作一年换油一次 |
| 12 | 回转支撑齿轮 | 1 | 润滑脂 | 每工作 56h 黄油枪注油一次 |
| 13 | 吊臂滑块 | 8 | 润滑脂 | 每工作 56h 黄油枪注油一次 |
| 14 | 变幅缸下绞 | 2 | 润滑脂 | 每工作 56h 黄油枪注油一次 |
| 15 | 回转减速器 | 1 | 90 号齿轮油 | 每工作 240h 加油 |
| 16 | 回转轴承 | 1 | 润滑脂 | 每工作 56h 黄油枪注油一次 |
| 17 | 轴向架心盘 | 2 | 润滑脂 | 每工作 56h 黄油枪注油一次 |
| 18 | 空气压缩机 | 1 | 压缩机油 | 每工作 240h 加油 |
| 19 | 其他 | — | — | 根据需要换油加油 |

（二）下车部分维护与保养

1. 日常保养项目

（1）检查手制动和脚制动的工作情况。

（2）检查照明、信号系统及各种指示灯工作情况（机油压力、储气筒压力、充电指示灯等）。

（3）检查空滤器负压指示器工作情况。

（4）检查刮水器工作情况。

（5）检查轮胎气压与状态，轮胎螺栓紧固情况。

（6）检查发动机机油、冷却液和燃油液面。

（7）检查燃油系统和排气系统有无松动和损坏。

（8）排出燃油过滤器储水罐中的水。

（9）检查变速器润滑油液面。

（10）冬季需检查气路系统防冻情况。

（11）排除储气筒中积水。

（12）检查万向节轴承盖螺栓，钢板弹簧 U 形螺栓是否紧固可靠。

2. 各级保养项目（见表 11-1-2）

表 11-1-2　　　　　　　　起重机下车各级保养项目

| 保养项目 | 走合保养 | 例行保养 | 一级保养 | 二级保养 | 三级保养 |
|---|---|---|---|---|---|
| 发动机 | | 严格按照柴油机使用说明书的要求检查和保养。 | | | |
| 更换发动机机油（每年至少一次） | ● | ● | ● | ● | ● |
| 更换机油滤清器或滤芯 | | ● | 每次更换发动机机油时 | | |
| 更换燃油滤清器或滤芯 | | | ● | ● | ● |
| 清洗燃油泵粗滤器 | | | ● | ● | ● |
| 检查冷却液容量 | ● | ● | ● | ● | ● |
| 更换冷却液 | | | 每隔 24 个月 | | |
| 检查冷却液管路、紧固管卡 | ● | ● | ● | ● | ● |
| 紧固进气管路及连接件 | ● | ● | ● | ● | ● |
| 空滤器 | | | | | |
| 检查空滤器负压指示器 | ● | ● | ● | ● | ● |
| 清洁空滤器的集尘杯 | | ● | ● | ● | ● |
| 清洁空滤器主滤芯 | | 空滤器负压指示器显示时或每隔 100 小时 | | | |
| 更换空滤器主滤芯 | | 当空滤器主滤芯损坏时 | | | |
| 更换空滤器安全滤芯 | | 清洗 3 次主滤芯后 | | | |
| 检查和紧固三角皮带 | ● | ● | ● | ● | ● |
| 变速器 | | | | | |
| 检查变速器润滑油油面 | | 每季度检查一次 | | | |
| 更换润滑油 | | 首次行驶 1500km，以后 20 000km 一次（每年至少一次） | | | |
| 更换滤清器、垫圈和 O 形圈 | | 每次换油时 | | | |
| 从动轴（前轴） | | | | | |
| 更换轮毂润滑脂 | | | | | ● |
| 检查调整前轴轴承间隙 | | 从第一次二级保养时开始进行 | | | |
| 驱动轴 | | | | | |
| 检查主减速器和轮边减速器液面 | | | ● | | |
| 更换主减速器和轮边减速器润滑油（每年至少一次） | ● | | | ● | ● |

续表

| 保养项目 | 走合保养 | 例行保养 | 一级保养 | 二级保养 | 三级保养 |
|---|---|---|---|---|---|
| 清洁或更换驱动轴通气装置 |  | ● |  | ● | ● |
| 检查调整轮毂轴承间隙 | 从第一次二级保养时开始进行 ||||
| 传动轴 |  |  |  |  |  |
| 重新紧固传动轴螺栓 |  |  | ● |  |  |
| 目检传动轴的连接和磨损 |  | ● |  | ● | ● |
| 驾驶室 |  |  |  |  |  |
| 检查刮水器的动作 | ● | ● | ● | ● | ● |
| 检查及调整各操纵件 |  | ● |  | ● | ● |
| 检查和紧固驾驶室前后支承 | ● |  |  |  |  |
| 制动系 |  |  |  |  |  |
| 储气筒放水 | ● | ● | ● | ● | ● |
| 检查气压系统密封（气压表检查） | ● | ● | ● | ● | ● |
| 检查及调整调压阀输出压力 |  | ● | ● |  |  |
| 检查制动蹄摩擦片厚度，调整制动器间隙 |  |  |  | ● | ● |
| 清洁车轮制动器 |  |  |  |  | ● |
| 检查制动管路易擦伤部位 |  |  |  | ● |  |
| 检查制动气室 | ● |  |  |  |  |
| 电气系统 |  |  |  |  |  |
| 检查电气系统的工作情况（信号灯、前照灯、刮水器、暖风等） | ● | ● | ● | ● | ● |
| 检查蓄电池电解液液面和比重以及蓄电池各单元的电压 |  | ● | ● | ● | ● |
| 检查蓄电池接线柱的固定、同时给电极涂润滑脂 |  | ● | ● | ● | ● |
| 检查转速表的正确性 | ● | ● | ● | ● | ● |
| 转向系统 |  |  |  |  |  |
| 检查和调整前轮定位 | ● | ● | ● | ● | ● |
| 检查转向油罐油面高度 | ● | ● | ● | ● | ● |
| 更换转向油罐内的滤清器 |  |  |  |  | ● |
| 检查转向系统工作情况 |  |  |  |  | ● |

续表

| 保养项目 | 走合保养 | 例行保养 | 一级保养 | 二级保养 | 三级保养 |
| --- | --- | --- | --- | --- | --- |
| 底盘及路试 | | | | | |
| 检查和紧固车架连接螺栓 | ● | ● | ● | ● | ● |
| 紧固前、后板簧骑马螺栓及支架 | ● | ● | ● | ● | |
| 检查轮胎螺母的紧固情况 | ● | ● | ● | ● | |
| 检查蓄电池的固定 | | | | ● | ● |

3. 变速器的保养

变速器内齿轮油杂质过多或油量不足会导致运动零件烧损。油量过多会增加功率损失、油温升高，因此要按照保养要求定期检查油质及油位。

加注和检查润滑油应遵守以下要求：

（1）检查油面加注润滑油时，车辆应停放在水平地面上，并用滤网过滤润滑油。

（2）润滑油应加注到从放油孔溢出为止。

（3）换油时，变速器应在热机状态下，拧下变速器下部的放油塞，将污油放入容器内，并按照环保要求处理，使含有杂质的齿轮油完全放净，并清洗掉放油塞上吸附的金属物。旋入放油塞时，应从螺纹的第三扣起涂少许密封胶，并用 50N·m 的拧紧力矩拧紧。

4. 转向系统的保养

每月检查一次转向用油量是否减少，油液有无变质或杂质过多，如发现不良状况应及时添加或更换油液。油的牌号及加注量参照产品使用说明书。

换油时，按照下列步骤操作：

（1）打开油罐盖，并拧开连接转向器出油口的胶管接头。

（2）放出油泵及油罐中的残油，并左右打方向盘至极限位置数次，直至油口中不再有油液流出为止。

（3）取下油罐中的滤芯，清洗干净后按原样装好。

（4）向油罐中注入清洁的油液。目测油液从转向器出油口位置渗油后连接胶管接头并拧紧。

（5）转动方向盘至极限两个来回，然后怠速运转发动机，左右打方向盘至极限位置数次进行排气，直至油罐中的油面不再下降和没有气泡产生为止。

（6）补充油液使油罐中油面达到标记位置。

（7）拧紧油罐上盖。

注意事项：换油前需将前桥轮胎脱离地面。

拆检转向系统油路时，要保持系统的清洁，零部件应放置在清洁的容器中，拆除的胶管接头要用塑料袋封口包扎，不能把任何杂物带入系统内。转向器的进、出油口不能接反，必须按照转向器前盖上的箭头方向来连接进、出油管，进油为油泵过来的高压油，出油为回到油罐的低压油。

5. 离合器操纵机构的保养

当气路气压上升到 0.45MPa 以上，若踏板沉重，应检查离合器操纵系统内的静压油，即总泵至分泵之间的管路内是否有气体存在，离合器分泵是否有问题。如系统内确实有气，应按底盘操作手册中，离合器操纵系统的调整方法进行排气。如踏下踏板后，分泵助力缓慢，或者是还没踏离合器踏板分泵就助力，这说明总泵推杆与总泵的间隙调整不当，应重新调整。

具体调整步骤如下：

（1）先将节叉上的锁紧螺母拧松。

（2）旋转离合器总泵。推杆至与总泵球面接合后，往回旋转 1/2~1 圈。

（3）固定总泵推杆上的六方不动，然后用扳手将锁紧螺母闭紧。

所以每行驶 4000km 后应检查各部分间隙。如果操纵部分符合要求，而离合器打滑，需检查离合器摩擦片和膜片弹簧是否失效。

6. 动力系统保养

（1）发动机的保养严格按照《柴油机操作说明》的要求进行。

（2）一些无法排除的故障要与发动机服务中心联系，以便获得帮助。

（3）燃油管路的维护：检查燃油管路紧固情况，有无泄漏、扭曲现象。在发动机进油管路中串联有燃油过滤器（见图 11-1-2），安装在车辆左侧，走台板下面。

图 11-1-2　燃油过滤器
1—放水阀；2—油水分离器；
3—燃油过滤器主体

三、起重机维护保养注意事项

起重机在维护保养时必须停止负载工作或空载工作，严禁在起重机工作时修理起重机，确保人身、设备安全。

（1）严禁在车辆带电状态下进行焊接工作。在车辆上进行焊接之前，要将蓄电池正极电缆和负极电缆从蓄电池上拆下来。被焊接部件与焊机地线相距不超过 0.61m，不能将焊机接地电缆接到发动机上。

（2）没检修完发动机就启动它会发生人身伤害和机械损坏事故。

（3）检修发动机之前，在起重机控制系统上放置"警告"或"故障，正在检修"

标志。

（4）起重机吊臂或副臂如损坏会造成严重事故。弦杆损坏、销轴弯曲或丢失或焊缝开裂都会减弱桁架臂、吊臂的强度。每日检查起重机吊臂，看是否损坏。不允许使用损坏吊臂的起重机。

（5）在吊钩上挂着重物或吊臂伸出的情况下修理或调整起重机，重物或吊臂可能会产生危险运动，造成事故发生。

（6）进行保养或维修工作前，应先把重物降到地面上并将吊臂降到合适的支架上。

（7）液压系统内的压力会保持很长时间，在进行调节或维修工作前应释放系统压力。保养前，如果不合理释放，压力会使起重机产生危险动作或引起热油高速喷出和管接头突然喷出。

【思考与练习】
1. 起重机钢丝绳与滑块如何调整？
2. 起重机润滑部位有哪些？
3. 下车部分日常保养项目有哪些？

## 模块2　流动式起重机常见故障和排除方法（Z47G3002Ⅱ）

【模块描述】本模块介绍流动起重机常见故障排除以及易损件的更换。通过图表列举，掌握常见故障原因和排除方法；熟悉电气元件、机械元件、液压元件、卷扬钢丝绳等易损件的失效方式和报废标准，掌握易损件的更换程序和方法。

以下着重介绍流动式起重机常见故障类型及排除方法。

【模块内容】

流动式起重机（以下简称起重机）作业的环境多种多样，通常条件比较恶劣，作业中出现的故障也是多种多样。有些故障是由于设备设计、制造上的原因造成的，有些则是由于使用、操作不当造成的，而大量故障则是由于使用一段时间后，由经常性疲劳、磨损造成。

以下主要从起重臂、起升机构、变幅机构、回转机构、支腿机构、安全装置、液压系统及电气部分介绍起重机的常见故障现象及排除方法。

### 一、起重臂常见故障及排除方法

起重臂有桁架式和箱式两种。桁架式吊臂可有角钢、钢管或异性钢管制作，通常是用柔性的钢丝绳牵拉吊臂顶部实现变幅的，故吊臂是以受压为主的双向弯构件；箱型吊臂是液压伸缩式的，变幅是用刚性的变幅液压缸来实现，故吊臂是以受弯为主的双向压弯件。伸缩式起重臂有多节，节数视起升高度而定。

起重臂系统常见故障及排除方法见表 11-2-1。

表 11-2-1　　　　　　起重臂系统常见故障及排除方法

| 故障现象 | 故障原因 | 排除方法 |
| --- | --- | --- |
| 起重臂伸缩速度缓慢，无力 | ① 液压动力系统故障；② 手动控制中溢流阀的故障；③ 伸缩臂控制阀中的溢流阀故障；④ 分流器故障 | 逐项检查、调整，解体、清洗、调节或更换有损坏的元件和组件 |
| 吊臂自动回缩 | ① 伸缩油缸故障；② 平衡阀故障 | 检查、调整、更换元件 |
| 起重臂伸缩振动（如发动机达到一定转速时起重臂不再振动，则认为该吊臂正常） | ① 起重机结构部分损坏；② 起重臂的伸缩油缸不正常 | ① 起重臂箱体的滑动表面与滑块之间润滑不充分时，应更换有缺陷的滑块；起重臂滑动表面损坏时，应更换有缺陷的吊臂节或研磨损伤表面；② 检查处理 |
| 各节起重臂伸出长度无法补偿 | ① 油路堵塞，伸缩臂控制阀发生故障；② 电路故障 | ① 清洗滤油器，更换电磁铁，解体或更换阀总成；② 检查处理线路故障 |
| 伸缩时，起重臂垂直方向弯曲变形或侧向变形过大 | ① 滑块磨损过大；② 滑块磨损已超出调整垫的调整量；③ 起重臂某节局部弯曲或变形 | ① 更换滑块；② 增加调整垫；③ 更换不合格的臂节 |
| 桁架式起重臂的几何尺寸和形状误差超过允许值 | ① 组装起重机的接长架顺序错误；② 各节臂间的连接螺栓未拧紧；③ 臂架变形 | ① 调换；② 检查拧紧；③ 检查各节臂架，有永久变形的应修复，如不能修复应报废 |
| 臂架连接不牢 | ① 臂架螺栓孔加工不符合要求；② 臂架变形 | ① 修复；② 更换 |

## 二、起升机构常见故障及排除方法

起升机构用来实现货物的升降，因此它是任何起重机不可缺少的部分，是起重机中最重要与基本的结构。起升机构工作的好坏，将直接影响到整台起重机械的工作性能。

起升机构主要有驱动装置、传动装置、卷绕系统、取物装置与制动装置组成。此外，根据需要还可装设各种辅助装置。

起升机构常见故障及排除方法见表 11-2-2。

表 11-2-2　　　　　　　　起升机构常见故障及排除方法

| 故障现象 | 故障原因 | 排除方法 |
| --- | --- | --- |
| 起升机构不动作或动作缓慢 | ① 手动控制阀故障；<br>② 液压马达故障；<br>③ 平衡阀过载或溢流阀故障；<br>④ 起升制动器故障 | ① 检查处理；<br>② 检查处理；<br>③ 检修平衡阀或溢流阀；<br>④ 调整制动带或更换弹簧 |
| 起升机构工作运动间断 | 单向阀故障 | 清洗更换 |
| 起升制动能力减弱 | 起升制动器故障 | 调整制动带或更换弹簧 |
| 落钩时载荷失去控制或反应缓慢 | 平衡阀故障 | 拆开清洗 |
| 起升机构制动器打不开 | ① 制动器油缸漏油；<br>② 制动器油缸活塞腐蚀、卡住 | ① 更换密封件；<br>② 检修，更换油缸总成 |

## 三、变幅机构常见故障及排除方法

变幅机构常见故障及排除方法见表 11-2-3。

表 11-2-3　　　　　　　　变幅机构常见故障及排除方法

| 故障现象 | 故障原因 | 排除方法 |
| --- | --- | --- |
| 变幅油缸自动缩回 | ① 油缸本身故障；<br>② 平衡阀故障 | ① 检查处理；<br>② 拆开清洗，更换组件、O 形密封圈或阀芯阀座 |
| 变幅油缸推力不够 | ① 手动控制阀内的溢流阀或油口溢流阀故障；<br>② 油缸本身故障；<br>③ 液压动力系统故障 | ① 解体清洗、更换组件；<br>② 检查处理；<br>③ 检查处理 |
| 变幅油缸工作不正常 | 平衡阀或手动控制阀内的油口溢流阀故障 | 解体清洗、更换组件 |
| 变幅油缸振动 | ① 平衡阀阀芯或弹簧损坏；<br>② 节流孔堵塞 | ① 更换损坏的弹簧或平衡阀芯；<br>② 拆开清洗各阻塞的节流孔 |
| 保压能力下降 | 单向阀故障 | 解体清洗、更换阀组件 |

## 四、回转机构常见故障及排除方法

回转机构主要有回转支撑装置与回转驱动机构组成。回转机构常见故障及排除方法见表 11-2-4。

表 11-2-4　　　　　　　　回转机构常见故障及排除方法

| 故障现象 | 故障原因 | 排除方法 |
| --- | --- | --- |
| 回转能力不够充分 | ① 平衡阀或手动控制阀内的油口溢流阀故障；<br>② 回转驱动装置故障；<br>③ 流量控制阀故障；<br>④ 液压动力系统故障 | ① 解体检查或更换组件；<br>② 解体检查或更换组件；<br>③ 阀体和阀杆的滑动表面粘在一起，应拆卸清洗阀，如果滑动表面磨损严重，应更换，阀件导控孔发生阻塞时，应拆开清洗；<br>④ 检查处理 |
| 油冷却器功能减弱 | ① 平衡阀或手动控制阀内的油口溢流阀故障；<br>② 流量控制阀故障；<br>③ 液压动力系统故障 | ① 解体清洗、更换组件；<br>② 拆检控制阀，更换损坏弹簧；<br>③ 检查处理 |
| 回转运动时有振动或噪音（回转时油压显著升高） | ① 回转支撑齿轮或驱动齿轮发生异常磨损；<br>② 滚珠和垫片损坏或严重磨损；<br>③ 在内圈齿轮和驱动齿轮间或在轨道内缺少润滑脂 | ① 更换回转支撑或驱动齿轮；<br>② 更换回转支撑或滚珠，更换调整垫片；<br>③ 添加润滑脂 |

## 五、支腿机构常见故障及排除

支腿机构常见故障及排除方法见表 11-2-5。

表 11-2-5　　　　　　　　支腿机构常见故障及排除方法

| 故障现象 | 故障原因 | 排除方法 |
| --- | --- | --- |
| 升降油缸和伸缩缸动作缓慢及力量不够 | ① 手动控制阀中的溢流阀或单向阀动作不良；<br>② 液压泵故障 | ① 解体检查、处理；<br>② 检查、处理 |
| 起重机行走时升降油缸或伸缩缸自己伸出 | ① 手动控制阀内部的控制单向阀失灵；<br>② 油缸本身故障 | ① O 形密封圈损坏，应更换；活塞和阀体之间因卡住而被划伤，应解体；如有划伤应更换控制单向阀组件。<br>② 检查处理 |
| 起重机工作时升降油缸自己缩回 | ① 油缸本身故障；<br>② 油缸上的液控单向阀失灵 | ① 检查处理。<br>② a) 弹簧损坏，应更换。<br>b) 单向阀和阀体之间的密封表面有沙尘或划伤；解体后清洗，有划伤时应更换组件 |
| 前支腿油缸动作缓慢和力量不够 | 溢流阀故障 | ① 弹簧损坏，应更换。<br>② 调节螺钉松动，使调定的压力降低。重新调压，应拧紧螺钉。<br>③ 阀动作不正常应更换阀芯总成 |

## 六、安全装置常见故障及排除方法

安全装置常见故障及排除方法见表 11-2-6。

表 11-2-6　　　　　　　安全装置常见故障及排除方法

| 故障现象 | 故障原因 | 排除方法 |
| --- | --- | --- |
| 吊钩已达到过卷或100%的力矩时起重机未能自动停机 | ① 电磁阀发生故障；<br>② 配电系统故障；<br>③ 力矩限制失灵 | 检查修理 |
| 起重机臂的变幅、伸缩和起升机构不能实现低速 | 单向阀故障 | 检查修理。当由于弹簧损坏而使密封失灵时应更换弹簧 |

## 七、液压系统常见故障及排除方法

液压系统常见故障及排除方法见表 11-2-7。

表 11-2-7　　　　　　　液压系统常见故障及排除方法

| 故障现象 | 故障原因 | 排除方法 |
| --- | --- | --- |
| 起重机没有动作或动作缓慢 | ① 液压泵损坏；<br>② 手动控制阀损坏；<br>③ 回转接头损坏；<br>④ 溢流阀失灵 | ① 检查修理；<br>② 更换 |
| 油温上升过快 | ① 液压泵损坏或发生故障；<br>② 液压油污染或油量不足 | ① 更换或修理；<br>② 更换或补充液压油 |
| 液压泵不转动 | ① 取力装置或操纵系统发生故障；<br>② 底盘离合器故障 | ① 检查、修理或更换故障元件；<br>② 修理离合器 |
| 所有执行元件或某一执行元件动作缓慢无力 | ① 液压泵损坏；<br>② 回转头接头故障；<br>③ 手动控制阀的溢流阀发生故障 | ① 检查修理；<br>② 更换 |
| 回油路压力过高 | 滤油器（油箱或油路中）堵塞 | 更换滤芯 |
| 液压油外泄 | ① 密封圈或密封环损坏；<br>② 螺栓或螺母未拧紧；<br>③ 套筒或焊缝部分由裂纹；<br>④ 管路连接处有毛病；<br>⑤ 管损坏 | ① 应更换；<br>② 按规定的扭矩拧紧螺栓；<br>③ 修理或更换；<br>④ 拧紧接头或更换管路；<br>⑤ 更换 |
| 回转体接头通电不良 | ① 电刷和滑环之间接触不良；<br>② 焊接处断开 | ① 应更换；<br>② 修理焊接处，更换 |
| 离合器接合不良 | ① 离合器损坏；<br>② 弹簧损坏轴承损坏 | ① 检查修理；<br>② 更换 |
| 离合器有异常噪音 | 轴承损坏 | 更换轴承 |
| 力矩限制器没有动作 | 限制器开关未调好或限制开关本身有毛病 | 重新调整或更换限制器 |

续表

| 故障现象 | 故障原因 | 排除方法 |
| --- | --- | --- |
| 油路系统有噪声 | ① 管道内存有空气；<br>② 油温太低；<br>③ 管道元件没有紧固好；<br>④ 平衡阀失灵；<br>⑤ 滤油器堵塞；<br>⑥ 油箱油液不足 | ① 多动作几次以排除液压元件及管道内部的气体；<br>② 低速运转油泵将油加热或换油；<br>③ 紧固,特别注意油泵吸油管不能漏气；<br>④ 调整或更换；<br>⑤ 清洗或更换滤芯；<br>⑥ 加油 |

## 八、电气系统常见故障及排除

### 1. 全车无电

全车无电故障原因及排除方法见表 11-2-8。

表 11-2-8　　　　　全车无电故障原因及排除方法

| 故障 | 故障原因 | 排除方法 |
| --- | --- | --- |
| 全车无电 | 蓄电池无电或连接线脱落 | 电瓶充电或接好线 |
| | 保险丝 F1 烧断 | 更换保险丝 |
| | 起动开关不正常工作 | 修复或更换 |
| | 保险丝 F5 烧断 | 更换 |
| | 元件之间导线断开、插接件脱落 | 重新敷线、重新固定 |
| | 搭铁线接触不良 | 重新搭铁 |

### 2. 起动机不工作

起动电路故障多发生在起动开关、起动线路或起动线圈上。

首先判断起动继电器是否正常工作，如果正常，再分两步检查，第一步听吸拉线圈有无响声，假如有响声说明保持线圈断路，修复或换新。无响声说明吸拉线圈已坏，修复或换新。第二步检查蓄电池电量大小、主电路线路。如正常说明起动电机有问题，修复或更换起动马达。

如果起动继电器工作不正常，首先检查起动开关是否烧坏，其次检查起动继电器有无工作，再检查相关线路是否断路。然后再做相应的处理和修复。

### 3. 发电机不发电

首先检查是机械故障还是电气故障。

机械故障一般为皮带较松、固定螺丝松、电机本身轴承有问题等，修复或换新。

电气故障可用万用表来简单判断，测量电压大小，一般发电机发出的电压应高于

27V，如果较低，加大油门后仍无电压变化，说明发电机有问题。可修复或更换。

4. 仪表工作不正常

仪表电路构成：电源—保险丝 F6—仪表—传感器—搭铁。

维修方法：首先检查保险丝 F6 有无电源，F6 是否烧断。其次测量仪表和传感器的阻值。如测量后发现参数相差较大，更换元器件。

（1）电流表在未接电源前指针已严重偏离"0"位或测量线圈断路，更换电流表。通常指示"0"位是由线路断路或搭铁不良造成，而指示"1"是由短路造成的。

（2）车速里程表指针正常，计数器不工作。更换仪表。里程表传感器的判断可用万用表交流挡，两表笔连接传感器的两接线端子，用螺丝刀拧动主轴，若传感器转动自如且有电压显示，则传感器正常。否则，说明传感器损坏，更换。

（3）如果仪表和传感器正常，可用导线连接法解决。

5. 灯光不亮

灯光电路首先检查保险丝 F9 有无电源，是否烧断；其次检查开关是否失灵、灯泡是否损坏；再检查接地是否可靠、插接件是否接触不良和松动、导线是否断路；最后根据情况更换与修复。

注意：插接件在起重机电气中是应用较多的小元件，也是很容易出现问题的地方。主要为接触不良、簧片断裂和变形。通常损坏的插接件更换解决。

### 九、特殊情况的应急措施

1. 起升机构失灵，吊物不能放下

当条件允许时，可以慢落吊臂使被吊物体落地。在不能使用上述方法时，可缓慢松开制动器，使卷筒慢慢放下吊物。必要时还应松开起升马达的进油和回油接头。

2. 变幅机构失灵，吊臂落不下来

一旦出现这种状态时应首先放下吊物，然后将变幅油缸的上腔接头拧松，再将下腔的管接头略微拧松，使油液从松动处缓慢排出，吊臂靠自重可自行缓慢落下。

3. 伸缩机构失灵，吊臂不能缩回

处理方法与变幅机构失灵处理方法相同，但在拧松管接头前应将吊臂仰起到吊臂的最大仰角位置。

4. 支腿不能回收

松开液压锁的紧固螺钉，拧松支腿油缸的上、下腔管接头，抬起支腿，使其缩回。

【思考与练习】

1. 流动式起重机起升机构有哪些常见故障及排除方法？
2. 流动式起重机液压系统有哪些常见故障及排除方法？
3. 流动式起重机全车无电应检查哪些部位？

国家电网有限公司
技能人员专业培训教材 起重设备操作

# 第四部分

# 索道起重系统操作

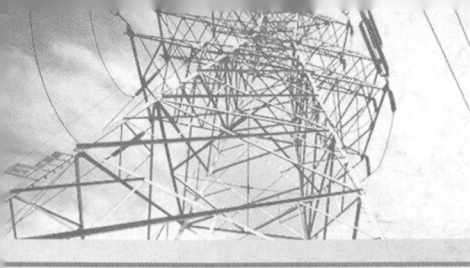

# 第十二章

# 索道起重系统通道规划

## ▲ 模块1 索道起重系统通道及场地选择（Z47H1001Ⅲ）

【模块描述】本模块介绍索道起重系统通道选择的内容。通过要点讲解，掌握索道起重系统通道及场地选择的原则和要点。

【模块内容】

随着近年来输电线路工程的发展，高压架空输电线路多分布于高山大岭、人口稀少、道路运输条件差的地区，这就使得部分线路桩号的运输无法使用车辆运输或马力运输，从而索道运输的使用是一个必然要求。

目前高压架空输电线路施工材料的索道运输采用多环状牵引索方式，采用一根或多根承载索、一根返空索和一根环状牵引索来运送货物。图 11-2-1 为目前施工中常用的多跨单索循环式索道起重系统。

### 一、索道起重系统规划原则及注意事项

（一）索道起重系统规划原则（通道及场地选择原则）

（1）选择索道起重系统线路时，应考虑当地气候、地理条件和索道起重系统要经过的交通要道以及要跨越的其他建筑设施等，针对施工运输量及地形条件制订相应的施工方案，根据施工方案选择合适的索道起重系统运输方案。

（2）索道起重系统沿线尽量避免与已有或新建的线路、通信线、公路交叉。

（3）索道起重系统应尽量走直线，如有转角，角度应尽可能小。

（4）索道起重系统运输的装货点宜设置在靠近路边等交通条件好的地点，卸货点要尽量靠近塔位，减少二次转运，动力子系统驱动装置宜设置在起点处。

（5）进行索道起重系统运输施工方案编制时，必须对所有工况进行全面分析，以最不利工况作为计算的依据。

（6）索道起重系统跨越或穿越有关设施、区域时的最小垂直净空尺寸及货车与内外侧障碍物之间的水平净空尺寸应符合国家有关标准规范的要求。如条件限制而不能满足要求，在索道运行和停运时，均要有人值守。

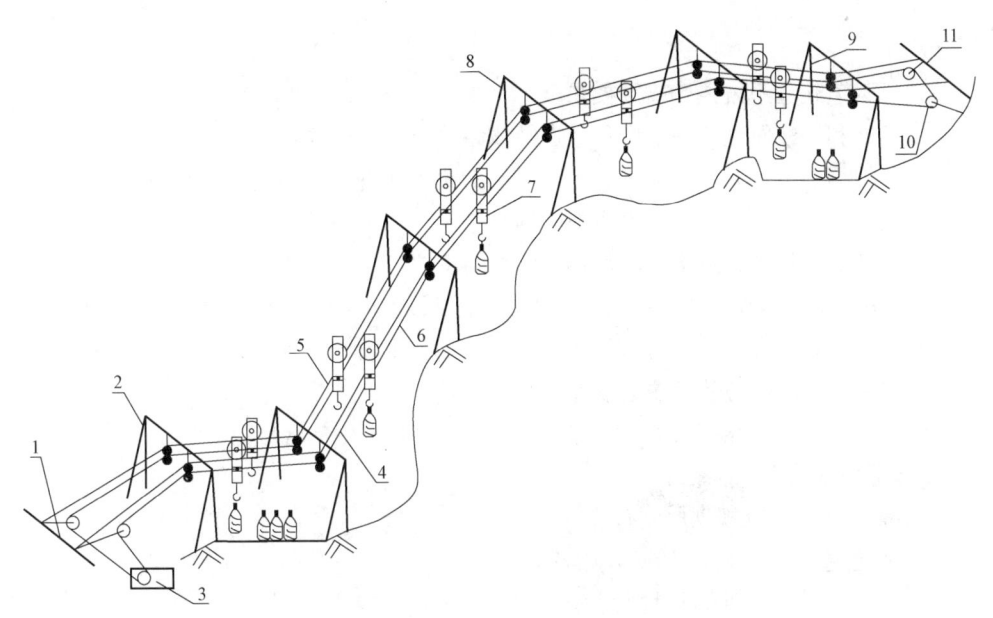

图 12-1-1　多跨单索循环式索道起重系统运输现场布置示意图

1—始端地锚；2—始端支架；3—驱动装置；4—承载索；5—返空索；6—牵引索；7—货车；
8—中间支架；9—终端支架；10—高速滑车；11—终端地锚

（7）索道起重系统要尽量连续，减少周转，支架力求设立于山包等凸出位置。

（8）支架间的挡距，除了跨越山谷等特殊情况外，不宜过大，最大挡距一般为300～600m。

（9）在斜坡上架设时，索道起重系统线路应选在杆塔基面高的一侧。

（10）根据索道起重系统的长度、高差、地形等因素进行传动区段的划分，单级索道起重系统应尽量采用一段传动，不能采用一段传动的索道起重系统，应采用多级索道起重系统分段传动。

（二）索道起重系统规划注意事项

（1）索道起重系统如果跨越公路及有人通过的沟道时，必须设立明显的警示牌，必要时要在公路、沟道上方搭设防护架防止货物坠落伤人。

（2）索道起重系统路径转角角度不宜超过6°，最大不得超过12°。单级索道的长度不宜超过3000m。除跨越山谷等特殊情况外，单跨索道最大跨距不宜超过1000m；多跨索道相邻支架间的最大跨距不宜超过600m，高差角不宜超过45°。

（3）索道起重系统稳定子系统支架的位置和高度必须保证在任何工作条件下，货物与地面间有足够的距离。索道到铁塔基坑的水平距离以4～6m为宜。承载索在每个支架上的最大折角，一般宜控制在11°～17°之间，大跨距两端支架的最大折角不宜超过 35°。

## 二、索道起重系统通道规划要求

（1）能利用线路通道搭设的尽量选择线路通道，减少林木砍伐，植被破坏。

（2）根据索道的长度、高差、地形等因素进行传动区段的划分，单级索道应尽量采用一段传动，当一段传动的索道不能满足要求时，可采用中途中转运输。

（3）装货点尽量靠近大运输车辆能到达的位置。

（4）索道装卸点要尽量靠近塔位，减少二次转运，但也要考虑组塔时的场地布置，防止互相冲突。索道驱动装置宜设置在起点处，若现场卸货场地有限，可采用间歇性运输方式，如分段或边施工边运输等。

（5）索道严禁建在有滑坡、塌方、洪水等灾害易发生的区域。

【思考与练习】

1. 索道起重系统规划原则有哪些？
2. 索道起重系统规划注意事项有哪些？
3. 索道起重系统通道规划要求有哪些？

# 第十三章

# 索道起重系统架设

## ▲ 模块 1 索道起重系统架设（Z47H2001 Ⅱ）

【**模块描述**】本模块介绍索道起重系统的架设。通过要点描述，掌握索道各子系统安装的顺序、原则和要点

【**模块内容**】

索道起重系统在架设前需要做好充分的施工准备和现场准备工作。施工准备工作主要包括技术准备、人员准备、机具准备灯；现场准备工作主要包括场地平整及通道清理。准备工作完成后方可正式进入索道起重系统正式架设工作。索道起重系统架设工作主要包括组立支架、地锚埋设、架设牵引索、展放返空索及承载索、安装驱动装置等工作。

### 一、施工准备

施工准备包括技术准备、人员准备及机具准备等。

（一）技术准备

施工前，施工单位应根据索道起重系统运输的设计要求和复杂程度，根据现场地形情况编制索道运输施工技术方案及安全施工保证措施，并经过审核批准后实施。

（二）人员准备

索道运输班组的人员应根据索道路径的长度、地形复杂程度、运输工作量以及作业内容等情况配置人员，表 13-1-1 所示为某工程单级索道运输劳动力组织表。施工前，应按照要求对全体施工人员进行安全技术交底，交底要有记录，签字齐全。特殊施工人员必须经过安全技术培训、考试，合格后方可上岗。

表 13-1-1　　　　　某工程单级索道运输劳动力组织表

| 序号 | 岗位 | 数量 | 职责划分 |
| --- | --- | --- | --- |
| 1 | 工作负责人 | 1 | 负责索道起重系统运输全面工作，包括现场组织、工器具调配、物料转运进场及地方关系协调等工作 |

续表

| 序号 | 岗位 | 数量 | 职责划分 |
|---|---|---|---|
| 2 | 现场指挥 | 1 | 负责本级索道起重系统运输的组织、现场劳动力协调、现场指挥等工作 |
| 3 | 安全员 | 2 | 负责本级索道起重系统运输现场的安全监护和检查 |
| 4 | 牵引机操作手 | 1 | 负责本级索道起重系统的机械操作、维护等工作 |
| 5 | 材料管理员 | 1 | 负责本级索道起重系统上、下点材料的收料、清点、登记和分类堆放等工作 |
| 6 | 装卸工 | 4~24 | 负责本级索道起重系统上、下点材料的打捆、配重、上料、卸料、搬运、堆放等工作。砂、石、水泥装卸各2名,钢筋装卸各3名,塔材装卸6名 |

（三）机具准备

（1）机具准备包括索道用工器具、设备和架设索道用工器具。机具准备时,要根据索道设计和方案中的《索道起重系统机具设备清单》进行准备,并按照要求运输到指定位置。表13-1-2所示为某索道起重系统架设的主要工器具配置表。

（2）进场的机具必须进行外观检查,严禁使用变形、破损、有故障、超出检验试验期的不合格机具,承力索具严禁以小代大使用。

表13-1-2　　某索道起重系统架设的主要工器具配置表（一条）

| 序号 | 工器具名称 | 规格 | 单位 | 数量 | 备注 |
|---|---|---|---|---|---|
| 1 | 经纬仪 | J6 | 台 | 1 | |
| 2 | 机动绞磨 | 50kN | 台 | 1 | |
| 3 | 手扳葫芦 | 60kN | 台 | 2 | |
| 4 | 手扳葫芦 | 90kN | 台 | 1 | |
| 5 | 钢丝绳套子 | $\phi15m\times3m$ | 根 | 5 | |
| 6 | 钢丝绳套子 | $\phi17.5m\times5m$ | 根 | 2 | |
| 7 | 钢丝绳套子 | $\phi19.5m\times5m$ | 根 | 2 | |
| 8 | 磨绳 | $\phi15m\times150m$ | 根 | 1 | |
| 9 | 钢丝绳卡具 | — | 个 | 4 | |
| 10 | 起重滑车 | 5t | 个 | 4 | |
| 11 | 尼龙绳 | $\phi14m\times100m$ | 根 | 2 | |
| 12 | 卸扣 | 5t | 个 | 8 | |
| 13 | 卸扣 | 10t | 个 | 5 | |

续表

| 序号 | 工器具名称 | 规格 | 单位 | 数量 | 备注 |
|---|---|---|---|---|---|
| 14 | 旋转连接器 | 5t | 个 | 2 | |
| 15 | 钢丝绳卡头 | — | — | — | |
| 16 | 对讲机 | ICOM V8 | 台 | 6 | 配耳机 |

## 二、现场准备

现场准备包括场地平整和通道清理。

### （一）场地平整

（1）要尽量利用原有地形条件，因地制宜，减少土石方开方量和对植被的破坏。

（2）确定地锚位置时，要保证料车在承载索和返空索上相对运行时，互相偏摆后的最小距离不得小于 0.5m。

（3）平整布置一般有以下两种形式：

1）在场地较大，平整的地方，需要搭设始端或终端支架。如图 13-1-1 所示。

2）如果场地有限，要充分利用斜坡地带，节省场地、减少支架。利用原有的高差，在平台上不搭设支架，只在地锚出口处砌筑高 1m 的浆砌块石，减少了始端支架也充分利用了地势。

对于独山梁，开方时要注意做好边坡治理、排水措施和临边安全防护，防止垮塌和水土流失。对于运输量集中、运输量大的平台，宜将平台通道进行硬化。

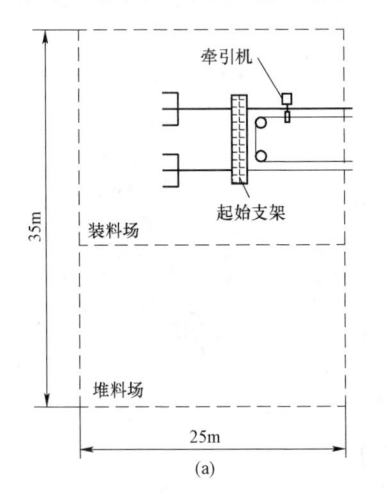

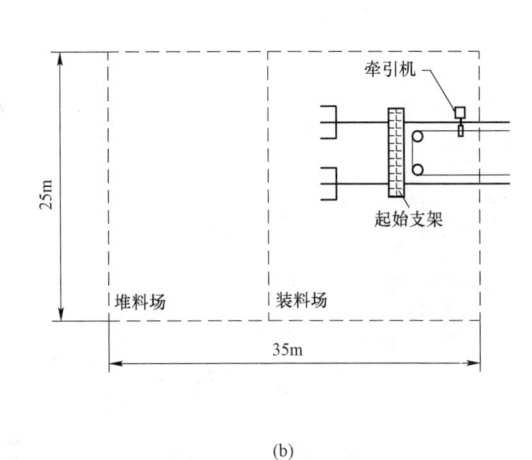

图 13-1-1 装卸料长平面布置示意图
（a）布置方式一；（b）布置方式二

## （二）通道清理

（1）一般要求索道架设的初级引绳要尽量用飞行器进行展放，所以通道内不影响运行的树木就不需要清理，严禁滥砍滥伐。

（2）通道清理宽度按照承载索和返空索之间的距离两边各加 1m 进行清理。

（3）需要跨越重要公路时，一定要提前和公路管理部门取得联系，并在跨越点搭设防护网架。

（4）通道清理时首先要在索道起终点修建人行便道。

## 三、索道起重系统架设

### （一）组立支架

（1）支架一般要用人力或畜力运输。一般支架都是格构组装式的，用内法兰连接，每节重量控制在 30kg 左右，长度最长不应超过 2m。

（2）索道支架高度一般控制在 4~6m。

（3）将支架的支腿连接在一起，然后与支架横梁连接，确保各部件连接牢固、可靠。将组装好的支架立起，支架不能倾斜，应安放在平整、坚实的地面上。

（4）索道支架拉线对地面夹角不大于 45°，用双钩器将拉线调紧为宜，两侧拉线拉力相等。在满负荷情况下，拉线承受最大拉力 30kN。

（5）安装支撑器。索道设计时，就要统一明确每条索道的支撑器方向，防止支撑器方向混乱，造成行走滑车方向不统一，留下事故隐患。

注意：严禁用枯树、冰腐树做支架。

### （二）地锚埋设

索道起重系统一般采用钢板地锚和现浇钢筋笼混凝土地锚。如图 13-1-2 所示为钢板地锚示意图。

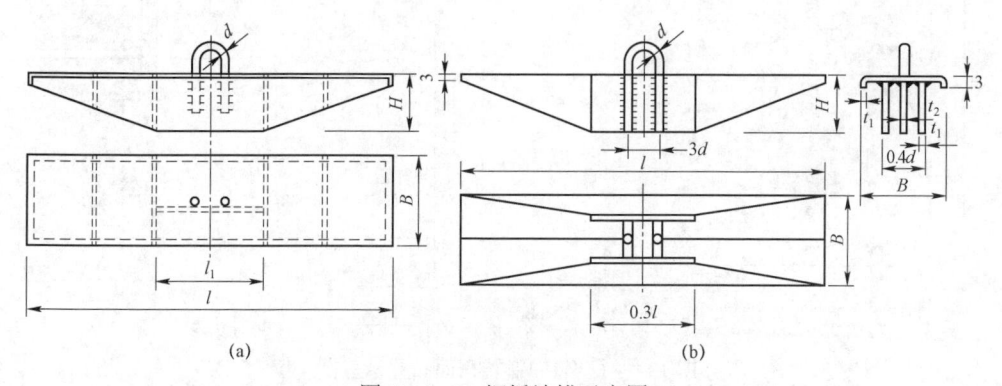

图 13-1-2　钢板地锚示意图

钢板地锚为定型加工，使用方便；钢筋笼混凝土地锚采用钢筋作为拉棒，材料来源方便，且耐久性好，现场使用也较多。如需要在岩石地带设置地锚，可采用岩石锚筋地锚，锚筋的规格视受力大小选择。

地锚坑的位置应避开不良的地理条件，如受力侧前方有陡坎及新土的地方地锚坑开挖深度一定要满足作业文件要求深度，地锚必须开挖马道，马道宽度应以能放置钢丝绳（拉棒）为宜，不应太宽。马道坡度应与受力方向一致，马道与地面的夹角不应大于45°。

地锚坑的坑底受力侧应掏挖小槽（卧牛槽），地锚入坑后两头要保持水平。

地锚坑的回填土必须分层夯实，回填高度应高出原地面200mm，同时要在表面做好防雨水措施。

如果索道使用时间较长或者处于潮湿地带，应对地锚的钢丝绳套采取防生锈措施。

钢丝绳套和地锚连接必须采用卸扣进行连接，严禁钢丝绳套之间直接连接。

一般情况下，地锚和钢丝绳套子按以下匹配：

5t地锚，配$\Phi$21.5mm×2.5m的钢丝绳绳套；

8t地锚，配$\Phi$24mm×3.3m的钢丝绳绳套；

16t地锚，配$\Phi$24mm×3.3m的地锚套。

地锚埋设时，必须要有施工负责人和安全员在场进行旁站监督，并填写《地锚埋设签证单》。

（三）架设牵引索

在植被较少，地形起伏较小，不跨越江河深沟的情况下，$\Phi$9mm～$\Phi$13mm钢索可用人力直接展放。

随着飞行器在线路施工中的普遍应用，建议尽可能采用飞行器空中展放一根轻质引绳，然后再用机械牵引的方法逐级过渡成牵引索。如图13-1-3所示为飞艇展放索道牵引索。

图13-1-3　飞艇展放索道牵引索

飞艇展放轻质引绳的后绳过渡顺序如下：飞艇展放一级引绳（$\Phi$2mm 韩国丝），用一级引绳牵引二级引绳（$\Phi$2mm 迪尼玛绳），用二级引绳牵引三季引绳（$\Phi$10mm 丙纶绳），然后用三级引绳直接牵引$\Phi$2mm～$\Phi$13mm 牵引索。

此时，可在各支架位置设立小型临时支架，并在支架上悬挂两个滑车。在终端挂两个转向滑车，将牵引索放进滑车里，在起始端用钢绳卡头将一头临时锚固在地锚上，另一头缠上绞磨，将牵引索紧至适当松紧后（牵引索的弛度比可取承载索中央弛度比的 1.5 倍），在起始端将牵引索绳头通过转向滑车，并按照要求的圈数将绳头缠绕在驱动装置的滚筒上，最后将两个绳头并列插接连成循环绳，完成牵引索的架设。注意：最好要在转向滑车和地锚之间设置可调式松紧装置，以便随时调整牵引索的松紧。如图 13-1-4 所示为制动滚筒。

图 13-1-4　制动滚筒

在用机械牵引钢绳时，钢索在从绳盘放出时，严禁用人力控制直接放出，防止绳盘失控伤人。钢绳必须经过制动器或其他带有张力控制的装置张力松出，钢绳在制动器上缠绕不得少于 5 圈。尾绳必须由专人控制，且不能少于 2 人。

（四）展放返空索

展放返空索时，要借用牵引索，通过牵引机（绞磨）把返空索牵引过去。

（1）在起始端用钢绳卡头把返空索绳头和牵引索固定，同时要给固定处的返空索加配种，防止两绳互相缠绕。

（2）在起始端要返空索缠绕在制动器上，用人力控制慢速往出送，并用牵引机（绞磨）慢速牵引。

（3）当返空索绳头接近中间支架时，要派人将钢绳卡通过支撑器滑轮，并将返空索置入滑车。

（4）把返空索拉到终端后用 U 形环将返空索和地锚套连接，端部用钢绳卡固定，把返空索从各支架的滑车移入支撑器。

（5）在起始端用钢绳卡线器和绞磨，手扳葫芦配合，将返空索抽紧，并固定在地锚上。

（五）展放承载索

（1）返空索安装好后，返空索和牵引索就已经构成一个简易的索道，就可以把行走滑车挂在返空索上，再在行走滑车上挂上承载索，用制动器控制，把承载索牵引到终端，在各支架把它归位到支撑器。

（2）在终端将承载索和地锚套固定。

（3）在起始端用卡线器和绞磨、手板葫芦配合，将承载索抽紧，固定在地锚上。

## （六）驱动装置的安装

目前线路施工常用的索道驱动装置为汽车后桥式牵引机。该牵引机结构简单，可靠，装拆方便。如图 13-1-5 所示为后桥式牵引机。

图 13-1-5 后桥式牵引机

牵引机运到现场后，利用已架设的索道吊运到预定位置。将牵引机方位确定后，在其下部垫以枕木，并进行水平校正，将机架四角上钩环用 $\Phi$17.5mm 钢索固定在锚桩上，绷索用 M24 紧绳器调整牵引机位置，绷索与机架中心线夹角不大于 30°，见图 13-1-6 紧绳器调整牵引机示意图。

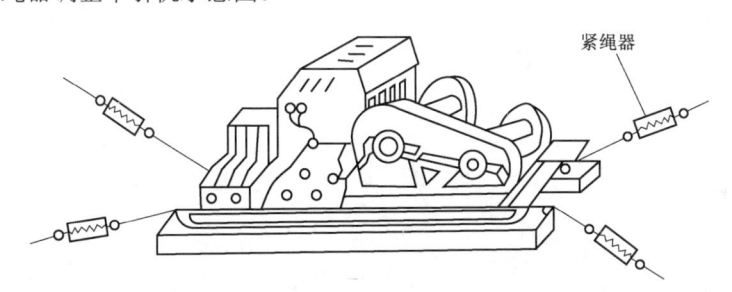

图 13-1-6 紧绳器调整牵引机位置示意图

循环索卷入卷筒时，其导入方向与卷筒轴垂直，使钢索顺序地缠绕在子卷筒上。

安装完毕后，起动发动机进行空载 30min，然后分别结合离合器，带动滚筒运转试验，并注意检查各部位有无异常现象，以进行调整。

## 四、索道起重系统架设安全注意事项

（1）采用钢丝绳作为承载索和返空索时，由于钢丝绳的伸长较大，运行时，需要不断收紧钢丝绳，为了方便，可在承载索和地锚之间加装 10t 链条葫芦进行长度调节。

（2）用牵引索机械展放返空索和承载索时，严禁返空索和承载索直接从线盘上放出，必须加装缓松器，防止线盘失控伤人。

（3）砍伐通道时，一定要派专人进行监护，提前判断好树倒的方向，并选择好人员撤离路线，防止树倒伤人。

（4）施工时，要防止钢丝绳扭结，影响钢丝绳的使用寿命，展放钢丝绳时，钢丝绳一定要用绳盘+摇篮架（坐地式放线盘）配合使用，严禁直接将钢丝绳从绳盘上解圈。

【思考与练习】

1. 索道起重系统架设前的准备工作有哪些？
2. 索道起重系统架设有哪些工作？
3. 索道起重系统架设时要注意哪些事项？

国家电网有限公司
技能人员专业培训教材 起重设备操作

# 第十四章

# 索道起重系统验收

## ▲ 模块1 索道起重系统试运行验收（Z47H3001Ⅲ）

【模块描述】本模块介绍索道起重系统试运行验收。通过要点描述，熟悉索道起重系统试运行的检查项目，掌握索道起重系统验收的一般要求与注意事项。

【模块内容】

索道起重系统架设完成后，经技术、安全部门联合验收后，方可进行试运行。验收的依据是设计资料和各种设备零部件的出厂合格证和技术资料。

一、索道起重系统试运转的目的

索道起重系统试运转是一个重要的环节，试运行的主要目的：

（1）磨合索道牵引机，检查索道起重系统各设备安装情况。

（2）检查货物通过索道路径沿线是否有货物对障碍物距离不够情况，如果有，需要根据情况收紧承力索、清除障碍物（砍树、降基面），严重的情况下，需要增加支架。

（3）利用两端的钢索松紧调整装置，调整承载索、牵引索的松紧程度。

（4）在个别凸起的地方，牵引绳有割地情况，需要及时布置拖绳滑车坐地滑车，以减轻牵引索的磨损。

试运行完毕后对承载索、拉线、牵引索再次进行调整后，才可进行正常运行。

注意：

（1）试运行期间要派人在每个支架旁监控。

（2）索道起重系统试运行不宜少于60h。

二、索道起重系统试运转

（一）牵引机的磨合

新的牵引机首先在较好的润滑条件和较周密的检查调整情况下，进行24h的空运转、负荷从小逐渐增大的试运转，然后才能以满负荷投入运行，这一工作过程叫作牵引机的试运转。

1. 牵引机磨合的作用

新的或大修后的牵引机，各配件表面有不同程度的加工痕迹，或者遗留有金属碎屑，如果不磨合，就进行满负荷工作，这些加工痕迹和碎屑就会使磨损增大，降低使用期限。因此，新的或大修后的牵引机必须要进行磨合，使各配件在良好的条件下，将摩擦表面逐渐研磨平滑，将金属碎屑冲洗掉，形成能全负荷的良好光滑结合面，以延长牵引机的寿命。

2. 牵引机磨合的内容

牵引机磨合包括发动机墨盒和传动机构磨合两部分，且这两大部分同时进行。

（1）磨合前的准备工作。

1）擦净机械表面尘垢；

2）检查并拧紧各部位连接螺栓；

3）检查发动机水箱水位、水箱接头紧固情况；

4）检查发动机内润滑油良、燃油量，供油系统有无漏油现象；

5）手摇转动发动机，看有无卡阻异常声音。

（2）发动机空转磨合。

1）按发动机的启动程序启动发动机。

2）启动后，使发动机分别在小油门、中油门、大油门空转磨合。在这一过程中，应注意观察发动机有无漏水、漏油、漏气现象，各仪表工作是否正常，如有异常或故障，应立即停机检查并排除。

3）发动机空转时间为 0.5h，只有当发动机空转完全正常时，才能继续整机磨合。

（3）牵引机的无负荷和带负荷磨合。

1）无负荷磨合。牵引机各挡应进行无负荷空转 0.5h 磨合。

2）轻负荷磨合。在牵引机各挡进行 1/3 的额定负荷下各进行 3h 的磨合。

3）重负荷磨合。在牵引机各挡进行 2/3 的额定负荷下各进行 4h 的磨合。

4）牵引机经过上述 3 个阶段的磨合并清洗保养后，即可投入满负荷生产。

（4）牵引机磨合应注意事项：

磨合时，速度由低到高，观察发动机、传动系统运转情况，观察离合器和制动是否可靠灵活。

（5）牵引机磨合后的工作。

1）牵引机磨合后，必须进行清洗、换油、保养和调整。

2）停机后趁热放出变速箱的全部润滑油，然后加入适量柴油，低速运转 2～3min 后，放出柴油，加入新的润滑油。

3）趁热放出发动机油底壳中机油，加入适量柴油，低速运转 1min 后，放出柴油，加入新机油。

4）清洗机油滤清器、柴油滤清器和空气滤清器，更换新机油。

5）放出冷却水，用干净水清洗冷却系统。

6）检查调整发动机、离合器和制动器。

7）检查并紧固全部螺栓、螺母。

（二）索道起重系统联动试验

1. 载荷试验

（1）系统空载试验：从起始端或中间支架各发一辆空载运行小车，由慢速至额定速度进行通过性检查，不得有任何阻碍。

（2）系统联动负荷试验：进行高速 50%负荷、中速 80%、额定速度 100%额定负荷载荷试验，每次试验完成后对整个索道线路与结构零部件进行检查，确认无异常后进行慢速 110%超载试验。每次试验均为一次循环，每次试验时，至少进行一次制动试验。

2. 试验要求

（1）试验完成后，索道起重系统所有部件无可见裂纹或超过设计许可的变形，地锚不得有任何松动迹象。

（2）运行小车行走自如，不得出现脱索、滑索现象。

（3）循环式索道起重系统启动、制动时间不得超过 6s，往复式索道起重系统启动、制动时间不得超过 10s。

（4）索道起重系统额定载荷运行时，承载索安全系数不低于 2.6。

（5）试验过程中应做好地锚的监测，防止拔出。

3. 试验重点检查内容

（1）牵引机磨合及安装情况复核。

（2）检查货物通过索道路径沿线是否有货物对障碍物距离不够的情况。

（3）检查货物通过索道路径沿线是否顺畅，有无钩挂树木及在个别凸起的地点有无落地现象。

（4）货物通过支架、支架承托器是否顺畅。

（5）各支架的稳固情况、转向滑车运转是否灵活、各地锚埋深是否牢固。

（6）试运行期间要安排专人在每个支架旁进行监控，配有通信状态良好的对讲机等，出现特殊情况可以迅速报告现场负责人，立即停止实验。

（7）试运行完毕后，应对承载索、拉线、牵引索再次调整，合格后方可进行正常运输。

（8）索道检查及试运行验收应由安装单位组织进行，施工单位及监理单位参加。

【思考与练习】

1. 索道起重系统试运转的目的有哪些?
2. 索道起重系统试运转的内容有哪些?
3. 索道起重系统联动负荷试验内容有哪些?

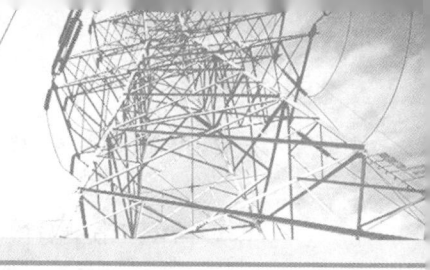

# 第十五章

# 索道起重系统物料运输

## ▲ 模块1 索道运输操作（Z47H4001Ⅱ）

【模块描述】本模块介绍索道运输的作业要点。通过要点讲解，掌握索道起重系统运输塔材、工器具等作业步骤和装卸要点。

【模块内容】

索道起重系统操作主要包括牵引机操作、通信联络、装卸作业、货物运输及夜间运行等内容，因牵引机操作直接关系到索道起重系统安全运行，特别强调对牵引机手的要求及牵引机使用的安全注意事项。对于不同物料，装卸的要点也各不同，包括对散骨料、袋装物料、钢筋及塔材、绝缘子及架线金具的装卸。

### 一、牵引机操作

（一）牵引机开机前的检查项目

（1）检查发动机水箱内是否充满水，油底壳是否按规定加足机油，燃油箱内有无充足的燃油。

（2）检查变速箱内油箱是否达到要求，检查各转动部位有无润滑油。

（3）检查卷筒和制动器的操纵机构是否可靠灵活，各连接件是否牢固。

（二）牵引机的正常工作

（1）先将变速箱操作手柄放在空挡位置。

（2）起动发动机。

（3）变速时，先将卷筒制动，然后踩下离合器踏板，使离合器分离，并迅速将变速挂挡。在慢慢放松踏板，使离合器结合，动力即可传出。离合器分离时，应迅速彻底，不应施加冲击力；离合器结合时，应缓慢而平稳。在挂挡困难时，可稍放松离合器踏板，使变速齿轮略微传动，再扳动变速手柄到所需位置，切勿强行用力。

（4）根据负荷情况，选择变速挡位，酌量加大油门。

（5）当牵引机过载时，离合器打滑，使卷筒离合器分离，减轻载重或排除故障。

（6）如果需要反转时，应先分离主离合器，扳动正倒齿轮箱手柄。

### （三）牵引机停机后的工作

（1）工作结束后，应使变速箱、齿轮箱都处于空挡位置。

（2）将卷筒离合器放在分离位置，制动器放在制动位置并固定。

（3）发动机熄火，关闭油门。

（4）在严冬时应将水箱的水放掉。

（5）用雨布将机械遮盖好。

（6）将工具放入工具箱。

（7）做好运行记录。

### （四）对牵引机手的要求

绞盘操作手必须熟知牵引机操作规格和货运索道的工作原理和过程，持证上岗，牵引机手在工作中应做到"三严""三检查"和"五不准"。

#### 1. 三严

（1）严格遵守各项规章制度，负责本机的使用、保养和管理，充分发挥设备的最大效能。

（2）严格按照相关的技术保养维护规定，定期保养维护，保持设备的正常状况，做好保养、维修记录。

（3）严格执行工器具材料的保管、使用制度，节约油料，降低器材、工具的损耗。

#### 2. 三检查

（1）检查牵引机的运转情况。

（2）检查跑车、牵引索等工作情况，发现问题及时处理。

（3）检查通信设备，保持线路通信畅通。

#### 3. 五不准

（1）不准机械带病作业。

（2）不准机械运转时离开岗位。

（3）不准猛拉或超载运转，如遇到不正常情况，应立即停机，查明情况。

（4）不准随意拆卸和借换零件。

（5）未经许可不准让他人操纵牵引机。

### （五）牵引机使用的安全注意事项

（1）严格执行定人、定机的岗位责任制。凡未经培训的人员严禁开机。

（2）索道运行时，严禁站在索道下方。

（3）严格按照信号开、停机，无信号或信号不明确严禁开机。

（4）遇到大风或大雨、雪天气时，应停止运行。

（5）起动时应采用小到中油门预热，不准用高速大油门起动。

（6）牵引机所有运转部分未停止转动，不能进行保养、调整。

（7）发动机未熄火及变速杆未挂入空挡时，牵引机手不得离开牵引机。

（8）应根据冬夏季节温度差异，按规定选用油料。

（9）冬季收工时，必须把发动机冷却水放掉。

（10）应经常检查牵引机的制动装置，保持良好的制动。

（11）牵引机卷筒上的钢索至少应缠绕 5 圈。

（12）牵引机临时需要人工控制排绳时，应低速运行，排绳人员应站在距离牵引机 3m 以外操作，同时应注意钢索的接头伤人。

（13）牵引机手应随时注意跑车运行的位置，根据位置控制跑的运行速度，跑车高速运转时，禁止急刹车。

（14）遇到大障碍时，应及时处理后方能开机。

（15）作业时发现有卡滞现象应停机检查。

（16）应准备部分常用的零部件备品备件。

二、通信联络

（1）在索道集中的区域，项目部要提前给索道编号，给每条索道分配通信频道，防止互相影响。

（2）索道运行时，一定要保证通信联络畅通，信号传递要语言规范、清晰。

（3）由于操作手距发动机较近，噪音较大，要求给每个操作手配耳机。

（4）当货物离卸料台 10m 时，就要发出信号要求牵引机减速，并连续向操作手报告货物的所在位置，直到最合适的位置时，通知停机卸料。

三、装卸作业

物料的盛装方式要根据物料的特性进行选择。输电线路的砂、石、水泥等散骨料一般采用料斗运输，铁塔塔材及基础钢筋等采用打捆包装运输，玻璃及瓷质绝缘子采用不得拆除原包装运输，合成绝缘子采用带包装补强后钩挂运输，金具材料采用地面组装后成串或成段运输。

（一）砂、石等散骨料的装卸

（1）装卸宜选用翻转式料斗或底卸式货车运输，货车及料斗的有效容积利用系数宜取 0.9～1.0；当运输黏结性物料时，宜选用底卸式货车，货车的有效容积利用系数宜取 0.8～0.9。

（2）货运小车间距的布置：单轮货运小车的承载力不宜超过 300kg，货运料斗的容积一般取 0.2～0.3m$^2$，每斗砂、石质量为 250～300kg，如图 15-1-1 所示为索道运输小车悬挂示意图所示。

货运小车间距计算：

$$L' \geqslant \frac{L}{Q \times k \times q} \quad\quad (15\text{-}1\text{-}1)$$

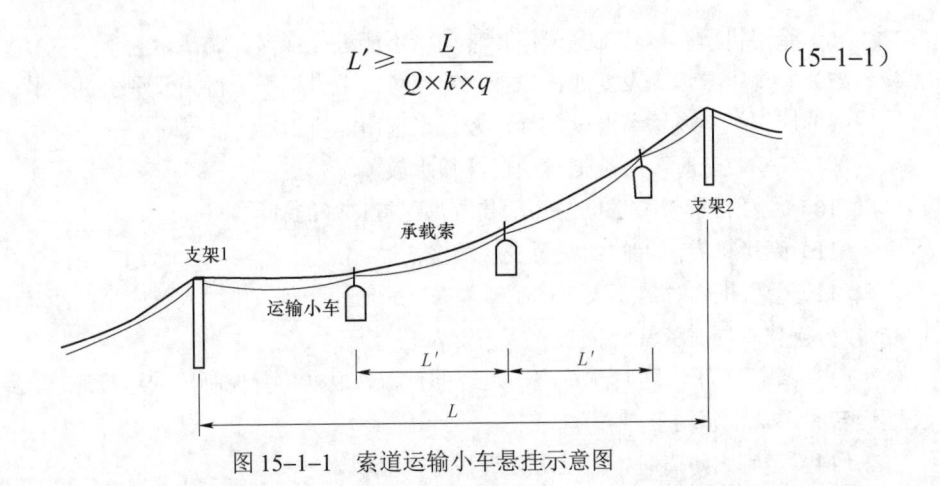

图 15-1-1 索道运输小车悬挂示意图

式中 $L'$ ——货运小车间距，m；
　　$L$ ——该级索道最大挡相邻支架间距，m；
　　$Q$ ——索道载重级别，t；
　　$q$ ——单个货运料斗载重量，t；
　　$k$ ——料斗的有效容积利用系数。

因此，对于最大跨距为 600m 时，1t 级的索道料斗间距应不小于 150m，2t 级的索道料斗间距应不小于 100m。

（二）水泥等袋装物料的装卸

水泥等袋装物料可采用多挂点运输筐运输。运输筐的载重量一般应控制在 600kg 以内，采用两套运输小车悬挂。对于最大跨距为 600m 时，1t 级的索道运输筐间距应大于或等于 400m，2t 级的索道料斗间距应不小于 200m。

（三）基础钢筋及塔材的装卸

基础钢筋及塔材等细长物料运输应进行打捆包装，采用多吊点方式运输，一般采用两个吊点，图 15-1-2 所示为基础钢筋及塔材运输示意图。

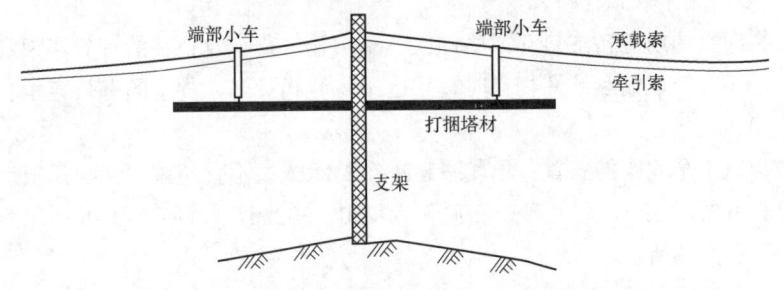

图 15-1-2 基础钢筋及塔材运输示意图

基础钢筋或铁塔材料在加工包装过程中，施工单位应充分协调加工厂家尽量按照规划的索道运输载重量的不同等级进行打捆包装，减少或避免物料运输前的拆包和二次打捆。

塔材运输时，由于单件塔材质量在 500～1500kg 的较多，在平台上用人力装卸效率低，安全风险较大，应在装卸料平台设置简易的吊装设备或配置吊车。

塔材装卸料应进行清点等级，卸料后及时进行摆放，以便后续组塔作业正常进行。

(四) 合成绝缘子、玻璃或瓷质绝缘子及架线金具的装卸

(1) 合成绝缘子搬运应严格按照生产厂家标志的抬运点进行，搬运及装卸均采用人工装卸。在索道运输过程中，合成绝缘子应采用木质抱杆或钢管进行补强后方可运输，图 15-1-3 所示为合成绝缘子运输示意图。

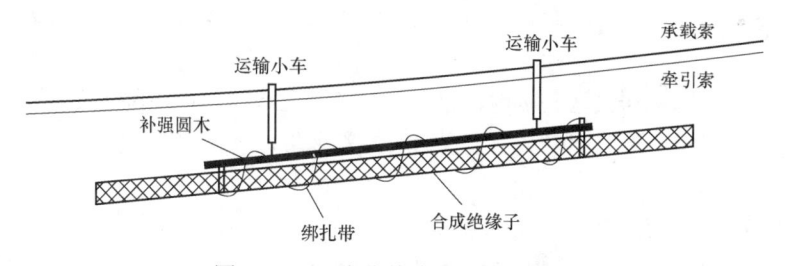

图 15-1-3  合成绝缘子运输示意图

(2) 玻璃或瓷质绝缘子可以采用不打开原包装的情况下，利用铁丝或专用绑扎带将两筐或更多筐绑扎后进行运输。

(3) 对于架线金具可以分种类或型号在原包装箱中运输，或在上料点进行分段组装后运输。

四、货物运输

(1) 操作人员发动牵引机，检查牵引机发动机及仪表工作是否正常，和终端平台通信联络后，确认无误后，开机运行。

(2) 根据所运输货物的重量适当调整发动机转速和手柄位置选择适当的运输速度。

(3) 通过中间支架时牵引速度要放慢，待行走滑车顺利通过后再加速。

(4) 运输过程中需要停止时，将牵引机手柄置于中位，牵引卷筒停止并制动。

(5) 运行过程中，各监护点发出停机的指令后，操作人员都要立即停机，等指挥人员查明停机原因，处理完毕后再重新运行。

五、夜间运行

索道需要夜间运行时，要在装卸平台设足够亮度的照明设备，而且在货车进出的站口处装设投光灯。

**六、索道起重系统运行安全注意事项**

（1）制定完善的索道运行操作规程；建立健全各种岗位责任制和各种安全检查维修制度。

（2）该索道严禁载人。

（3）索道线路上的设备及其附件要保持完好状态，严禁索道带病运行。

（4）索道严禁超负荷使用，超负荷使用可能导致承载索断裂，支架倒塌等危害的发生。要根据每条索道的挡距、高差及选用的承载索、牵引索、返空索计算装货的间距、单件重量，并在每个索道旁标识一个施工铭牌。

（5）要定期检查承载索的锚固、拉线是否正常，各种索具是否损坏，索道支架有无变形、开裂等隐患，确认无异常后，方可运行，并做好相关检查记录。

（6）货运索道的装料和卸料必须在索道停止运行的情况下进行，严禁运行过程中装、卸料。

（7）当索道跨越居民区、耕地、建筑物、交通道路时，一要保证货物通过时最低点距被跨越的最小距离，同时必须设置相应的安全防护设施和警告标志。

**【思考与练习】**

1. 索道起重系统牵引机手操作的要求是什么？
2. 索道起重系统牵引机使用有哪些安全注意事项？
3. 索道起重系统运行时的安全注意事项有哪些？

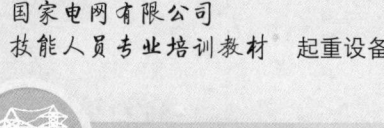

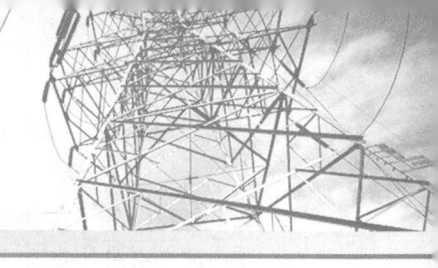

# 第十六章

# 索道起重系统维护

## ▲ 模块 1 索道起重系统维护保养（Z47H5001Ⅱ）

【模块描述】本模块介绍索道起重系统维护保养。通过要点讲解，熟知索道起重系统每日巡检、定期保养和严寒、覆冰等特殊环境下的要求和检查要点。

【模块内容】

为了保证索道运行过程正常进行，延长设备使用寿命，对索道设备进行定期维护保养是十分重要的。索道起重系统维护保养主要包括定期保养、每日保养及严寒覆冰保养。

### 一、定期保养

索道起重系统应进行定期保养，充分提高索道起重系统运输的安全可靠性。索道起重系统定期保养的内容见表 16–1–1。

表 16–1–1　　　　　索道起重系统定期保养内容一览表

| 设备 | | 保养内容 | 周期 | 方法 |
|---|---|---|---|---|
| 牵引机 | 变速箱 | 更换润滑油，冬季用 20 号齿轮油或 10 号机油，夏季用 30 号齿轮油获号机油 | 100h | 注入油池 |
| | 卷筒 | 轴承润滑 | 每周一次 | 油枪 |
| | 杠杆操纵机构 | 销、轴、滑动轴承或杆销活动部分润滑：黄油或 6~10 号机油 | 每周一次 | 油枪油嘴 |
| | 发动机 | 按照使用说明书要求进行 | | |
| 跑车及滑轮 | | 各轴承润滑：黄油或钙基润滑油 | 每月一次 | 油枪 |
| 钢索 | | 表面涂油及索芯浸油 | 每年一次 | 涂油、浸油 |
| 拉线 | | 调整受力 | 100h | |
| 牵引绳 | | 外观检查，是否有断股、磨损情况 | 100h | |
| 掐线钳 | | 外观检查，是否有滑丝情况 | 100h | |

## 二、每日保养

每日将牵引机外表擦抹干净；检查外部所有的紧固件是否松动，并及时拧紧；检查钢丝绳各固结部分的索具是否牢固；检查牵引机的操作系统工作状况及其可靠性。

## 三、严寒覆冰保养

在冬季覆冰严重的区段，索道起重系统工作索可能因积雪或覆冰严重被压断。在施工间隙，应将索道起重系统承载索防松处理，并定期对工作索上的积雪或覆冰进行震动清除，防止发生工作索断绳施工。图 16-1-1 为索道覆冰情况实图。

图 16-1-1 索道覆冰情况实图

【思考与练习】
1. 索道起重系统维护保养的种类有哪些？
2. 索道起重系统定期保养的内容和方法是什么？

国家电网有限公司
技能人员专业培训教材　起重设备操作

# 第十七章

# 索道起重系统拆除

## ▲ 模块1　索道起重系统拆除（Z47H6001Ⅰ）

【模块描述】本模块介绍索道起重系统拆除。通过具体步骤描述，熟悉索道起重系统拆除的一般步骤及注意事项。

【模块内容】

待高压架空输电线路全部完工并通过验收后方可进行索道起重系统的拆除。拆除索道起重系统的原则、一般顺序与注意事项如下。

一、索道起重系统拆除原则与一般顺序

（一）索道起重系统拆除原则

（1）当有多级索道时，必须先拆除上一级索道，将上一级索道的设备、索运回后，再拆除下一级索道。

（2）如果牵引机安装在高处时，要在山上平台拆除前，先拆运高处牵引机，并在低处安装一台绞磨，将高处的牵引机用索道运下山。

（二）索道起重系统拆除的一般顺序

1. 承载索和返空索的拆除

在起始端先用手扳葫芦将承载索、返空索和地锚套子的连接 U 形环卸掉，用手板葫芦慢慢松出去，在钢索张力减小后，将钢索和绞磨连接，再在终端用手扳葫芦将钢索松出，用尼龙绳控制将钢索松至基本落到地面无力后，在起始端用绞磨机将钢索抽回，盘在线盘上。

2. 牵引索的拆除

把循环牵引索的插接处用牵引机拉到牵引机旁，然后利用手扳葫芦和卡线器使接头处不受力，并在原来插接处把牵引索切断，用手扳葫芦慢慢放松牵引绳，手扳葫芦行程不够时，可以改用机动绞磨，等到牵引索不受张力以后拆下卡线器，然后用牵引机把牵引索不断收回，并缠绕到线盘上。

### 3. 支架拆除

当牵引索、承力索、返空索回收结束后，应首先拆除支架上的索道附件，再按照如下顺序进行支架拆除：

（1）检查支架立柱拉线是否牢固稳定，有松弛现象的应调节。

（2）利用木抱杆对支架横梁进行拆除。

（3）逐个支架立柱拆除。应用麻绳或拉线控制使立柱缓慢放倒。

（4）对索道起重系统设备及现场工器具进行回收和转运。

### 4. 拆除地锚

首先应挖去地锚坑内的回填土，再将地锚拽出。严禁采用起重吊装设备或工具在不铲除坑内回填土的情况下，将地锚整体吊出，损坏地锚结构和使用寿命。地锚撤离现场后，应按照基坑回填的要求对地锚坑进行回填夯实。

### 5. 现场清理及植被恢复

对运输现场的起始点场地、终点场地及各支架位置进行清理，并对现场地形、地锚进行恢复。平整、恢复后，应在安全检查人员检查合格后方可撤离现场。

## 二、索道起重系统拆除的注意事项

（1）拆除索道起重系统时，严禁在不松张力的情况下，直接把钢丝绳索及拉线剪断。

（2）拆除索道起重系统稳定子系统时，支架立柱严禁随意推倒。

（3）拆除索道起重系统时，应保证信号联络通畅，当回收钢丝绳索时出现钩挂、缠绕树木、岩石等情况时应立即停止牵引机或绞磨等牵引工具，并松尽张力，钩挂缠绕人工解决后才可继续回收作业。

（4）拆除索道起重系统时，回收的牵引索、承载索、返空索等钢丝绳在缠绕盘架过程中应认真检查钢丝绳的使用状况，发现断丝严重、断股的应做好标记，做报废处理或限制使用。回收的钢丝绳索盘应尽量缠绕整齐，便于以后使用。

【思考与练习】

1. 索道起重系统拆除原则有哪些？
2. 简述支架拆除的顺序。
3. 索道起重系统拆除的注意事项有哪些？

国家电网有限公司
技能人员专业培训教材 起重设备操作

# 第五部分

# 电力大件起重操作

# 第十八章

# 电力大件垂直顶升

## ▲ 模块1 垂直顶升作业（Z47I1001Ⅰ）

【模块描述】本模块介绍顶升操作。通过要点讲解，掌握顶升作业工器具的配置、顶升排架的搭设、液压系统装置连接、操保方式、操作步骤以及操作注意事项。

【模块内容】

根据 DL/T 1071—2014《电力大件运输规范》，电力大件定义为：电源和电网建设生产中的大型设备或构件，其外形尺寸或质量符合下列条件之一：① 长度大于 14m 或宽度大于 3.5m 或高度大于 3.0m；② 质量在 20t 以上。

电力大件垂直顶升是指在电力大件装卸车/船、现场安装和调整等施工中，利用专用顶升工器具，对电力大件进行垂直方向顶升作业。单件重量比较大电力大件的卸车、安装，如采用大型吊装设备来实施，不仅费用大，而且对作业场地的要求也较高，如实行以人工为主的垂直顶升作业来完成，既操作方便，又经济实用。因此，垂直顶升作业在我国电力大件运输、安装过程中得到广泛应用。

### 一、作业前准备

(1) 勘查作业现场，编制方案，按程序报批。

(2) 配置工器具。根据被顶升物体的重量、尺寸和场地情况，合理选择所需工器具的规格、型号和数量。

1) 千斤顶。常用的千斤顶有齿条千斤顶、螺旋千斤顶和液压（油压）千斤顶。其中液压千斤顶有手动千斤顶和电动千斤顶。齿条千斤顶是通过杠杆和齿轮带动齿条顶举重物，起重量一般不超过 20t。螺旋千斤顶是通过螺旋副传动，螺杆或螺母套筒作为顶举件，其效率低，返程慢。千斤顶类型见图 18-1-1。

电力大件的垂直顶升作业主要使用的是电动千斤顶。这种千斤顶和超高压油泵站（简称油泵站）、高压软管等组成液压顶升系统，通过油泵站上的控制阀（方向和压力控制阀），操控千斤顶的顶升、下降、停止。

## 第十八章 电力大件垂直顶升

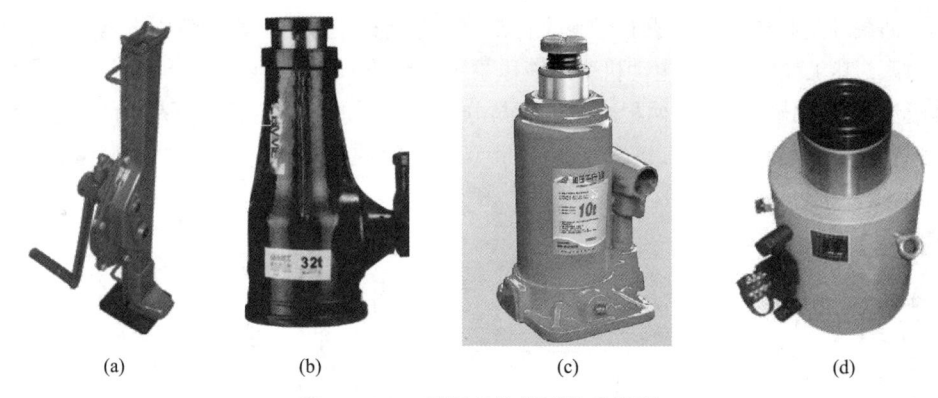

图 18-1-1 不同结构类型的千斤顶
(a) 齿条千斤顶；(b) 螺旋千斤顶；(c) 整体式液压千斤顶；(d) 分离式液压千斤顶

千斤顶与油泵站连接示意图见图 18-1-2，电动千斤顶结构图见图 18-1-3。

油泵站主要由电动机、轴向柱塞泵、安全阀、溢流阀、三位四通换向阀、油箱等组成。

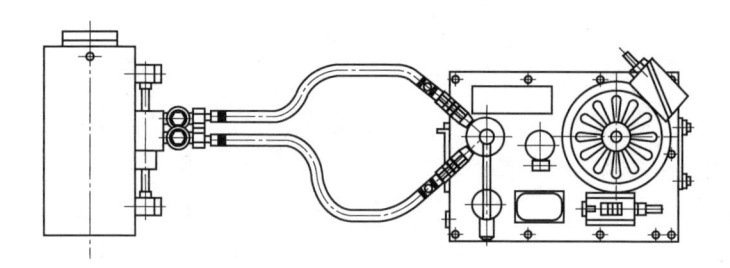

图 18-1-2 千斤顶与油泵站连接示意图

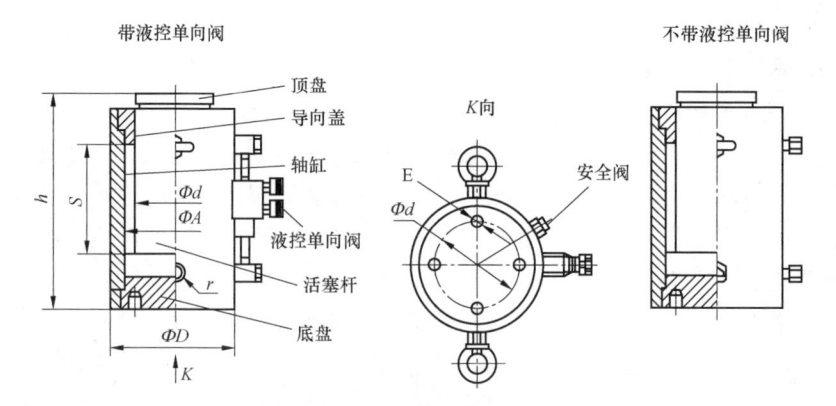

图 18-1-3 电动千斤顶结构图

油泵站是将电能转变成液压能的装置,为分离式千斤顶或其他液压机具提供液压动力源。其工作原理是:电动机带动液压泵主轴旋转,使液压泵输出一定压力液压油。液压油由装有快换接头的两根高压软管与分离式千斤顶或其他液压机具连接,通过油泵站的控制阀操控千斤顶或其他液压机具油缸的伸、缩、停止。油泵站液压系统见图18-1-4。

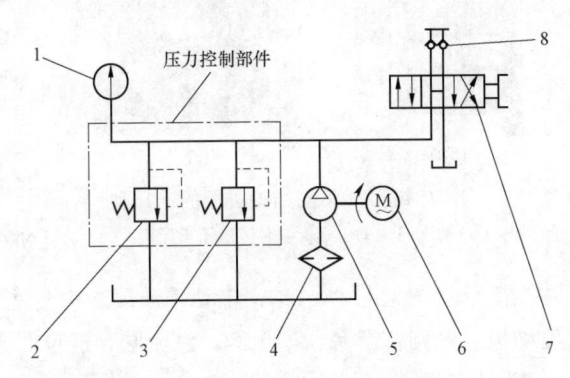

图 18-1-4 BZ 型超高液压油泵站液压系统图
1—压力表;2—安全阀;3—溢流阀;4—滤油器;5—轴向柱寒泵;6—电动机(或汽油机);
7—三位四通换向阀;8—带单向阀的快换接头

千斤顶和与其配套的使用的油泵站、油管等是根据大件设备重量进行选择。

2)其他工器具按施工方案配置。

(3)平整加固作业场地。地基加固有两种方法,一种是换土、压实地基或铺设钢板、路基箱,另一种是对地基加固进行专门的设计、施工。基础加固时,应综合考虑被顶升物体的重量、与地面的接触面积、地基的承载能力等。在电力大件起重作业中,由于作业场地条件一般较好,通常采用第一种加固方式。

## 二、垂直顶升作业步骤

1. 搭设顶升排架

(1)选择顶点。大件顶升作业一般都是用大件设置的专用顶点。有时由于施工现场条件的局限,这些专用的顶点不能使用。这时就需要根据大件的结构和现场作业条件选定的顶升位置,来加工临时顶点。未经设备制造厂家允许,不得擅自在大件设备专门设置的顶点外顶升。大件设备的顶点型式见图18-1-5。

(2)搭设千斤顶基础排架。搭设千斤顶基础排架,相邻层道木按90°交错搭设,道木间应靠拢,不留间隙。千斤顶基础排架搭设见图18-1-6。

2. 设置千斤顶

将千斤顶置于千斤顶基础排架上,使千斤顶位于道木排架中心区域,并对正大件设备的顶升点。

图 18-1-5 大件设备的顶点
(a) 专用顶点；(b) 临时自制顶点

采用电动千斤顶的，用高压软管连接千斤顶和油泵站。

3. 顶升作业

用两台千斤顶同时顶升大件的一端，顶升过程中，及时在大件设备底部操垫。大件一端被顶升到一定高度后，再用同样方法，顶升大件另一端。通过对大件两端的交替顶升，使大件达到所需高度。

当大件设备需要下降高度时，也是用分两端交替顶升的方法，不断撤出大件底部的道木、木板等操垫物，使大件降到所需高度。

三、注意事项

（1）油泵站的安全阀在出厂前已经调定，用户不得随意将其压力提高，千斤顶严禁超载使用。

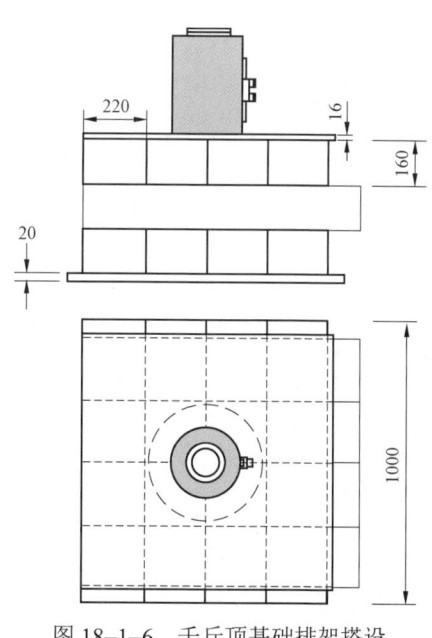

图 18-1-6 千斤顶基础排架搭设

（2）排架搭设时应考虑设备的重量和作业现场地基的承载力，地基的承载力须满足要求。

（3）排架上下隔层（即同一摆放方向）的道木应上下对齐，空隙处应用薄木板塞实，其目的是使变压器的重量能顺利地传递到地面或基础上。

（4）起重作业人员进行抬、撬、翻转、搬移道木、千斤顶、泵站等重物时，要精力集中，动作协调一直，防止因重物积压、碰砸而受到伤害。

（5）操作油泵站人员应密切注意油压大小，发现异常应及时汇报，查明原因、排除故障后方可继续顶升。

（6）设备顶升、下降时，只允许在设备两端分次交替进行，两端高差不应过大，严禁四点同时顶升或越层升降，同时顶升的千斤顶应保持同步。

（7）在大件顶升或下降过程中，应根据大件高度变化，及时调整大件底部排架或操垫物的高度，防止设备在顶升过程中发生意外倾斜、倾翻和突然下沉等事故。

【思考与练习】

1. 垂直顶升作业步骤有哪些？
2. 千斤顶基础道木排架搭设有哪些要求？
3. 垂直顶升作业注意事项有哪些？

# 第十九章

# 电力大件水平搬运

## ▲ 模块1 水平顶推移位作业（Z47I2001Ⅱ）

【模块描述】本模块介绍水平顶推作业步骤。通过要点讲解，掌握水平顶推作业工器具的配置、作业步骤以及注意事项。

【模块内容】

电力大件采取人工水平搬运，通常有两种方法，一种是水平顶推法，另一种为滚杠牵引滚移法。其中水平顶推法作业过程平稳，辅助设施较少，在电力大件水平搬运作业中较为常见，得到广泛应用。

在 DL/T 1071—2014《电力大件运输规范》中，水平顶推法又称液压顶推滑移法，其定义为将滑台放在轨道上，电力大件放在滑台上，用液压油缸顶推滑台，使滑台在轨道上滑行的移位方法。

在电力大件水平搬运过程中，水平顶推移位作业往往是与"垂直顶升作业"配合进行的。

### 一、水平顶推工作原理

1. 水平顶推装置的组成

水平顶推装置由夹紧钳、推移油缸、超高压油泵站、高压软管、重轨以及主动和被动滑靴等组成。水平顶推装置又称"在轨重物推移机"。水平顶推装置外形图见图19-1-1。

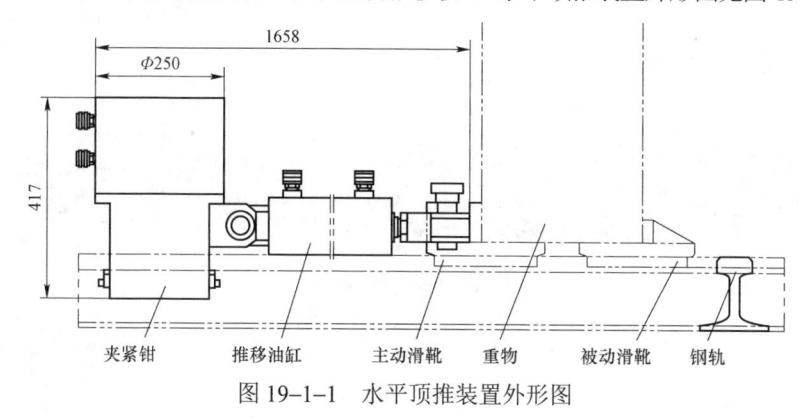

图 19-1-1 水平顶推装置外形图

采用水平顶推法搬运大件设备时,为使被推移重物能平稳运行,必须同时使用两套以上推移机。

水平顶推作业见图19-1-2。

图19-1-2 水平顶推作业实景照片

（1）夹紧钳。夹紧钳是推移油缸的支点。在夹紧钳液压油缸作用下,夹紧钳的锁钳与重轨锁定为一体。夹紧钳见图19-1-3。

（2）推移油缸。油泵站为推移油缸提供动力源,推移油缸以夹紧钳为支点,推移大件移位。

推移油缸见图19-1-4。

（3）油泵站。油泵站见图19-1-5。

（4）重轨。重轨是大件顶推移位的滑道。

（5）滑靴。滑靴置于大件与重轨之间,在每根滑道前端部放置一个被动滑靴,后端部放置一个主动滑靴。推移油缸推动主动滑靴,使为一整体的大件、主动滑靴、被动滑靴,在滑道上移位。滑靴见图19-1-6。

图19-1-3 夹紧钳

图19-1-4 推移油缸

第十九章　电力大件水平搬运

图 19-1-5　油泵站

图 19-1-6　滑靴
（a）后置滑靴；（b）前置滑靴

（6）其他工器具配置。按施工方案配置电源箱、电缆线、道木、手扳葫芦、钢板、小滚杠等。

2. 水平顶推装置的原理

水平顶推装置在道木排架上，设置两个以上由重轨组成的滑道，在每根滑道前端部放置一个被动滑靴，后端部放置一个主动滑靴。主动滑靴支承大件后端部，被动滑靴支承大件前端部。在夹紧钳液压油缸作用下，夹紧钳的锁钳与重轨锁定为一体。推移油缸后端与夹紧钳相连，作为推移大件的支点。推移油缸前端与主动滑靴连接。推移油缸推动主动滑靴，从而带动大件和被动滑靴随主动滑靴一起在滑道上移位，实现大件的水平顶推移位。夹紧钳和推移油缸的液压动力是由油泵站提供的。

水平顶推装置有两个液压系统，一个是夹紧钳的夹紧液压系统，另一个为顶推油缸的推移液压系统。水平顶推装置液压系统见图 19-1-7。

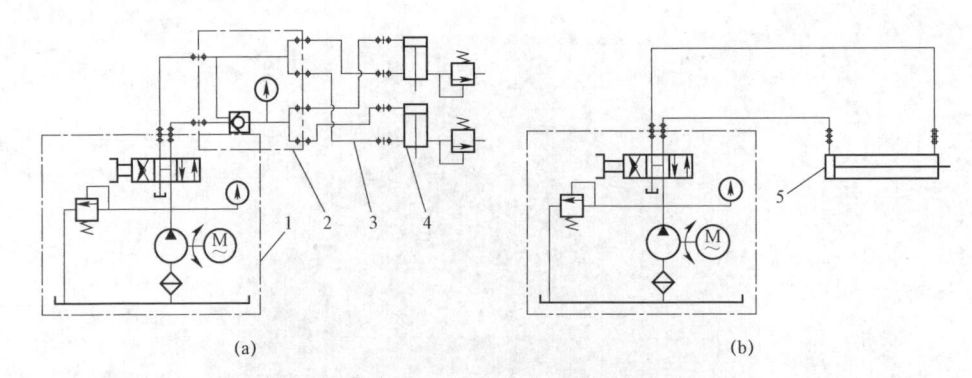

图 19-1-7 水平顶推装置液压系统图
(a) 夹紧液压系统图；(b) 推移液压系统图（1 套）
1—超高压电动油泵站；2——泵两顶分配阀；3—高压软管；4—夹紧钳；5—推移油缸

## 二、水平顶推移位操作步骤

1. 搭设推移道木排架

搭设道木排架的尺寸和形式应根据设备摆放的位置、高度、地基承载力和作业内容综合考虑，关于道木排架的搭设要求，可参考"垂直顶升作业"中的有关内容。另外，还应遵循如下原则：

（1）搭设道木排架时，同层道木之间间隔应均匀，即间隔尺寸应尽量相等。

（2）道木排架上下层之间要呈 90°交错搭设，即如果第一层横向摆放，那么第二层就应该纵向摆放，如此类推。

（3）对于重要的设备，安全等级要求较高时，可采用钢木混合排架，这样能显著增加推移排架的整体刚度，这在大型项目设备搬运中经常采用。

道木排架搭设见图 19-1-8。

图 19-1-8 各种道木排架搭设的实景照片
（a）钢木排架；(b) 道木间隔均匀和上下隔层对齐

2. 设置重轨和滑靴

(1) 重轨和滑靴的摆放。用千斤顶将被推移重物顶升至适当高度,将钢轨水平地穿过被推移重物底部,应使钢轨之间相互平行,并使钢轨的方向与被推移重物需要移动的方向一致,然后将主、被动滑靴放置在钢轨和被推移重物之间,操作千斤顶将被推移重物缓缓降下,使其落在主动、被动滑靴上。重轨和滑靴的摆放见图19-1-9。

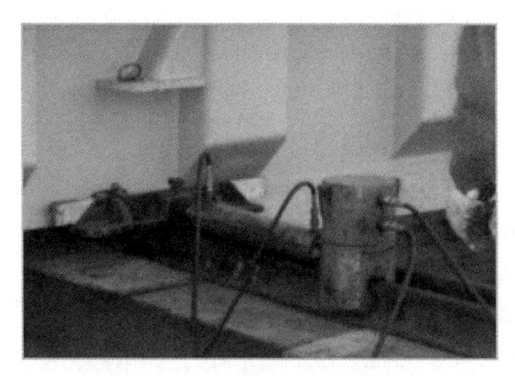

图 19-1-9 重轨和滑靴的摆放

(2) 重轨的选择和技术要求。

1) 重轨的选择计算。钢轨的数量与设备的重量、道木排架的间距、钢轨的型号等因素有关,钢轨的数量应按下式计算:

$$N = \frac{GI}{4W[\delta]} \qquad (19\text{-}1\text{-}1)$$

式中  $N$ ——铺设在变压器底部的钢轨数量;

$G$ ——设备的重量,N;

$I$ ——钢轨在道木排架上支承点间的距离,m;

$W$ ——钢轨的断面系数,m³;

$[\delta]$ ——钢轨的允许应力,N/m²。

2) 重轨(滑道)设置的技术要求:

a. 大件重心应在滑道支撑面的中心。对于超长物件应考虑设置多组滑道。与滑靴接触的设备底部应平整,其强度应能足够支承设备重量。

b. 滑道应处于同一平面内,并且相互保持平行,同一滑道上如设置两根及以上数量的钢轨,应使其受压大致相当。

c. 滑道一般设置为水平。当滑道较长时,可根据现场情况,搭设斜度在 2%以内的斜坡滑道,此时,应采取可靠的防溜措施。

d. 钢轨的实际使用数量应大于计算值，且为偶数，以使两侧所设置的钢轨数量相等。

　　e. 钢轨滑道与混凝土基础、钢箱梁、平板车货台等的接触面间应采取防滑措施。

### 3. 安装推移机

　　夹紧钳的钳口从主轨的端部套进，用销子把推移油缸与夹紧钳、主动滑靴连接起来。用高压软管（端部压接有快速接头）将超高压油泵站、一泵两顶分配阀和夹紧钳（两只）连接起来，组成一串联的夹紧系统。也可以将每只夹紧钳分别与一台泵站连接，这样每台泵站只控制一只夹紧钳。

　　将两台泵站分别和两台推移油缸用高压软管连接起来，组成各自独立的推移系统。

　　一泵两顶分配阀与泵站、夹紧钳的连接见图 19-1-10。

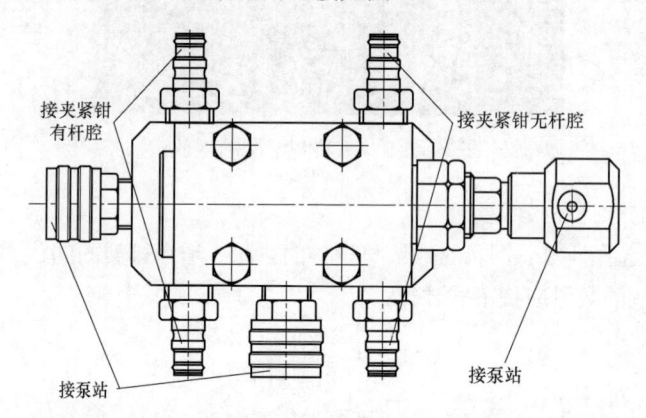

图 19-1-10　一泵两顶分配阀与泵站、夹紧钳的连接图

### 4. 对在轨重物进行推移

　　推移机安装结束后，应全面检查推移装置的连接、钢轨的水平度和平行度、推移排架等，确保安全后操作油泵站进行在轨重物的推移。

　　推力计算：

$$P = Wf \qquad (19\text{-}1\text{-}2)$$

式中　$P$——推力，kN；

　　　$W$——被推移物体的重力，kN；

　　　$f$——静摩擦系数取 0.15。

　　推移液压系统工作压力和推力成正比关系，例如，国内某厂家生产的 TYJ30-100 推移机的液压系统工作压力和推力关系如图 19-1-11 所示。

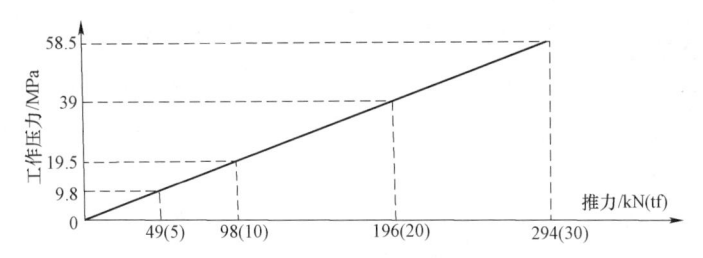

图 19-1-11　国内某厂家生产的 TYJ30-100 推移机的液压系统工作压力和推力关系

建议：推移作业时在滑靴和钢轨的接触面涂润滑脂，达到降低摩擦系数作用。但要避免润滑脂沾在钳口铁和钢轨接触面上，防止摩擦系数降低，削弱夹紧力。

（1）调整"夹紧液压系统"和"推移液压系统"的工作压力。首先，根据被推移重物的重力确定推移机作业时的夹紧力和推力。调整油泵站的工作压力时，应使其最大工作压力适当高于计算夹紧力、计算推力 5～10MPa。

（2）推移作业要按照下述顺序循环运行。夹紧（夹紧钳夹紧钢轨）→推移（重物）→松弛（夹紧钳和钢轨松弛）→缩回（推移油缸的活塞杆缩回，将夹紧钳拖向重物）。水平顶推移位作业见图 19-1-12。

注意：作业时必须关注各套推移机的工作压力。仔细观察各自推移机所接触被推移重物的细微变化，注视被推移重物从静止到滑动一瞬间，泵站上压力表指示值的变化。在推移作业全过程中工作压力是有变化的，当推移液压系统工作压力不足以推移重物时仍需调整泵站的最大工作压力。

图 19-1-12　365t 变压器水平顶推移位作业实景照片

（3）有条件地使推移机完成"纠偏"或"偏转"。推移过程中，两只推移油缸的推移距离有累计误差，造成重物偏转。这时推移一只油缸（一停一动），进行纠偏。

5. 被推移重物就位

设备水平顶推到位后，拆除水平顶推装置，进行垂直顶升作业，抽出钢轨、滑靴，使设备落在基础或道木排架上。

### 三、注意事项

（1）水平顶推作业过程中，必须设专职安全员，特种作业人员必须持证上岗。

（2）电源箱必须可靠接地，电气设备操作及现场照明等应由专职电工负责，并安排监护人员对其进行监护。

（3）作业现场有吊车进行施工时，不得有人员站在吊物下方或从吊物的下方通过。

（4）起重作业人员进行抬、撬、翻转、搬移道木、钢轨等重物时，要精力集中，动作要协调一直，防止因重物积压、碰砸而受到伤害。

（5）操作液压泵站人员应密切注意油压大小，发现异常应及时汇报，查明原因、排除故障后方可继续顶升、推进。

（6）顶推装置在受力过程中必须有专人负责观察，发现异常现象要立即向现场指挥报告，便于及时处理。

（7）在作业过程中，各个工序要逐项进行认真检查，并填写检查记录，各项检查结果符合要求后，方可进行下道工序。

（8）现场负责人及安全监护人员对整个作业过程进行安全监护，一旦发现安全隐患，应立即停止作业，待安全隐患排除后方可继续作业。

（9）顶升重物时，应分端交替顶升，不允许同时顶升设备的四个顶点，且两端的落差应始终保持在合理范围（一般约50mm）以内。

【思考与练习】

1. 水平顶推移位的原理是什么？
2. 搭设道木排架时有什么要求？
3. 水平顶推移位作业注意事项有哪些？

## ▲ 模块2 滚杠牵引滚移作业（Z47I2002Ⅱ）

【模块描述】本模块介绍滚杠牵引滚移作业相关内容。通过要点讲解，掌握滚杠牵引滚移作业工器具的配置、作业步骤以及作业注意事项。

以下介绍滚杠牵引滚移作业前准备、作业步骤及注意事项。

## 【模块内容】

滚杠牵引滚移法是将拖排放在滚杠上，大件放在拖排上，利用卷扬机、滑车组牵引大件，使滚杠滚动，实现大件移位的方法。

在施工场地狭窄、水平运距较远和现场不满足起重机械布置的情形下，滚杠牵引滚移法是电力大件（或其他大型设备）卸车/船和长距离水平移位作业的理想选择。采用滚杠牵引滚移法能有效降低施工成本。

### 一、滚杠牵引滚移作业前准备

（1）勘查作业现场，编制方案，按程序报批。

（2）工器具配置。

滚杠牵引滚移法使用的主要工器具有：地锚、卷扬机、滑轮组、承重道木、走道、滚杠、拖排、千斤绳等组成。滚杠牵引滚移法布置图见图19-2-1。

滚杠牵引滚移法所使用的工器具（地锚、卷扬机、滑轮组、滚杠、拖排、千斤绳等）须经过力学计算选择配置。

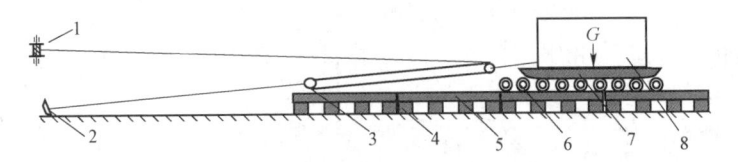

图 19-2-1　滚杠牵引滚移法布置图
1—卷扬机；2—地锚；3—滑轮组；4—承重道木；5—走道；
6—滚杠；7—拖排；8—大件

1）卷扬机、滑轮组选择配置。

a. 牵引力计算。牵引力按表 19-2-1 进行计算。

表 19-2-1　　　　牵 引 力 计 算 公 式 表

| 移动方式 | 在水平面上 | 在与水平面成 $\alpha$ 角度的斜面上 |
|---|---|---|
| 在滚杠上用卷扬机移动物体 | $P = k_o \left( Q_c \dfrac{f_1 + f_2}{100D} \right)$ | $P = k_启 \left[ Q_c \cos\alpha \left( \dfrac{f_1 + f_2}{100D} + \tan\alpha \right) \right]$ |

注　$P$ 为牵引力，kN；$Q_c$ 为计算载荷，kN；$D$ 为滚杠半径，m；$f_1$ 为滚杠与承重面之间的滚动摩擦系数，见表 19-2-2；$f_2$ 为滚杠与移动面之间的滚动摩擦系数，见表 19-2-2；$k_o$ 为启动系数；见表 19-2-3。

表 19-2-2　　　　　　　　　滚动摩擦系数 $f_1$（或 $f_2$）

| 支撑面（或移动面）材料 | 系数（cm） | 支撑面（或移动面）材料 | 系数（cm） |
|---|---|---|---|
| 木材与钢 | 0.03～0.05 | 铁滚杠在水泥地上滚 | 0.08 |
| 钢与钢 | 0.005 | 铁滚杠在钢轨上滚 | 0.05 |
| 钢滚杠和钢托板 | 0.07 | 铁滚杠在木头上滚 | 0.10 |

表 19-2-3　　　　　　　　　启 动 系 数（$k_启$）

| 启动条件 | 系数 | 启动条件 | 系数 |
|---|---|---|---|
| 铁滚 55 对钢轨 | 1.5 | 铁滚杠对土地 | 3～5 |
| 铁滚杠对木料 | 2.5 | 滑移时 | 2.5～5 |

b. 卷扬机、滑轮组的选择配置。根据大件滚移所需牵引力（$P$）选择卷扬机和滑轮组。根据卷扬机钢丝绳的额定拉力选择滑车组的有效分支数，初步确定滑车组的规格型号。

根据初步选择的滑轮组及有效分支数对卷扬机钢丝绳的强度进行校核。计算如下：
卷扬机钢丝绳拉力可按下式计算：
无导向滑车：

$$F_{max} = \frac{K^{m-1}(K-1)}{K^m - 1} Q \times 10 \qquad (19\text{-}2\text{-}1)$$

有导向滑车：

$$F_{max} = \frac{K^{m-1}(K-1)}{K^m - 1} Q \times 10 K_1 K_2 \cdots K_i \qquad (19\text{-}2\text{-}2)$$

式中　　$F_{max}$——钢丝绳牵引端所需的最大牵引力，kN；
　　　　$K$——一个滑轮的阻力系数，见表 19-2-4；
　　　　$m$——钢丝绳有效分支数；
　　　　$Q$——被起吊物品的重量，kg；
　　　　$K_1, K_2, \cdots, K_i$——导向滑车的阻力系数，$K_1=K$，下角标 1，2，…，$i$ 为导向次数。
滑轮包角为 180°时，从滑车引出的最大阻力系数，见表 19-2-4。

表 19-2-4　　　　　　　　　滑车组的最大阻力系数

| 滑轮数 | $n$ | 1 | 2 | 3 | 4 | 5 | 6 | 8 | 10 |
|---|---|---|---|---|---|---|---|---|---|
| 滑动轴承 | $K^n$ | 1.050 | 1.102 | 1.158 | 1.216 | 1.276 | 1.340 | 1.477 | 1.629 |
| 滚动轴承 |  | 1.030 | 1.061 | 1.093 | 1.126 | 1.159 | 1.194 | 1.267 | 1.344 |

将上述计算的最大牵引力与卷扬机钢丝绳额定拉力进行比较,当计算最大牵引力小于卷扬机钢丝绳额定拉力时,卷扬机能满足要求。否则,应更换卷扬机或改变滑车组的穿绕方式,增加有效分支数,直到满足要求为止。

2) 滚杠的选择。根据滚杠支撑大件所承受的荷载,来选择滚杠的规格和数量。

采用滚杠牵引滚移法搬运大件时,按如下经验公式选择滚杠数量:

$$m = \frac{Qk_1k_2}{WL} \quad (19-2-3)$$

式中 $m$——滚杠数量,根;
$Q$——设备重量,kN;
$L$——第根滚杠上的有效承压长度,m;
$k_1$——动载系数,取 $k_1=1.1$;
$k_2$——超载系数,取 $k_2=1.1$;
$W$——滚杠容许载荷,kN/m。厚壁无缝钢管:$W=3500d$;锻钢滚杠:$W=5300d$,其中 $d$ 为滚杠直径 m。

计算所得的滚杠数量 $m$ 是承载大件的滚杠数。实际选用滚杠数应适当增加,增加的是提前放置在拖排前的待用滚杠。

3) 钢板、路基箱选择。滚杠牵引滚移法进行大件移位作业时,承压地面强度必须满足要求。否则,应进行加固。最常用的加固措施是铺设钢板、路基箱等,增大地面承压面积。

地面承压力计算公式如下:

$$\delta_d = \frac{10^3 Q_c}{F_d} \leqslant [\delta_d] \quad (19-2-4)$$

式中 $Q_c$——计算压力,kN;
$\delta_d$——地面承载压力,MPa;
$F_d$——与路面接触面积,m²;
$[\delta_d]$——地面许用耐压应力,MPa。一般混凝土$[\delta_d]$取 1MPa,干燥密实沙土$[\delta_d]$取 0.35MPa,一般地面$[\delta_d]$取 0.2MPa。

4) 地锚、走道、托排等其他工器具配置。根据滚杠牵引滚移法移位大件作业的牵引力、大件重量和作业现场条件,来选择地锚、走道、托排、道木等工器具。

二、滚杠牵引滚移作业步骤

1. 作业准备

作业前应全面检查所投入的机具,确保其技术良好。清除作业范围内的障碍物,对作业场地进行平整，必要时，在地面上铺设钢板或路基箱等。

划定施工作业区域，在作业区域边界处设置警示标志，严禁非作业人员进入施工现场。

2. 设置牵引排架、滚杠和拖排

采用千斤顶顶升设备，按照承重道木（走道）、滚杠和拖排的摆放次序，自下而上依次放入设备底座下。千斤顶的基础排架搭设和顶升保护要求请参阅"垂直顶升作业"模块中的有关内容。

（1）承重道木和走道的铺设。承重道木所铺设的面积应根据地面承载压力的计算，保证地面承载压力小于地面的许用应力。

走道是根据设备的重量和地基的承载力状况确定是否铺设。走道可选择钢板、工字钢、路基箱或钢箱梁等。当选择路基箱时，可以省去承重道木，直接将设备重量传递给地基。当设备的重量较小，而且地基承载力较好时，可以不铺设走道，滚杠直接在承重道木上滚动。承重道木的铺设要求见图19-2-2。

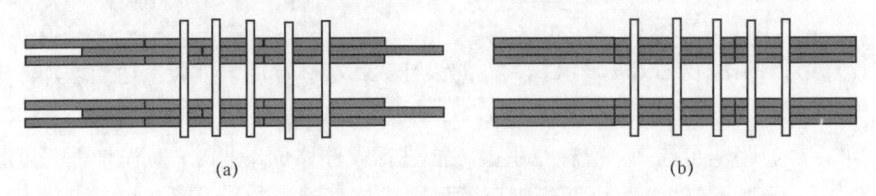

图19-2-2 承重枕木的铺设要求

（a）承重枕木的正确摆放：枕木接头位置错开，滚杠通过时不容易掉进接头缝隙，滚杠可以平稳滚动；

（b）承重枕木的错误摆放：枕木接头未错开，重压之下滚杠易掉缝卡杠，需重新顶升、调整

（2）穿滚杠。穿滚杠时，要将2台千斤顶同时放置于大件的一端，待大件顶升到需要高度时（约高于滚杠上部2~3cm），用木块或道木头在设备下操垫；再用2台千斤顶放置于大件的另一端，顶升大件到需要高度时，用木块或道木头在大件下操垫保护。

将滚杠从大件端部穿入，均匀置于承重道木或走道上（在大件下方）。放置好的滚杠用木楔抵住，以防滚动。缓慢落下千斤顶，抽出操保木块或道木头。用同样的方法放置另一端的滚杠。穿滚杠顶升设备要求见图19-2-3。

（3）穿拖排。拖排有木质和钢质两种。木质拖排是船型的木梁，木质拖排的长度应根据设备底座的尺寸确定，宽度在500~1000mm，前后端部为

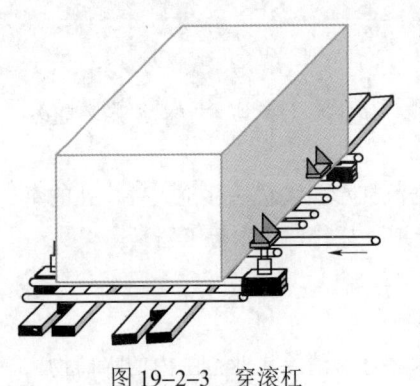

图19-2-3 穿滚杠

上翘弧形，便于滚杠顺利进入拖排下。钢质拖排前后端部有倒角，目的也是便于滚杠顺利进入拖排下。

穿拖排时的具体步骤：

1）穿拖排时要将2台千斤顶同时放置于大件的一侧，待大件顶升到需要高度时，用木块或道木头在大件下操垫；再用2台千斤顶放置于大件的另一侧，待大件顶升到需要高度时，用木块或道木头在设备下操垫作保护。

2）将拖排从设备前或后方穿入设备下方、滚杠的上方，调整滚杠及拖排位置，拖排压住滚杠不易调整时，可用齿条起轨器辅助顶升。

3）滚杠及拖排放置、调整完毕后，缓慢落下千斤顶，抽出操保木块或道木头。再用同样的方法，抽出大件另一侧的操保木块或道木头。

穿拖排顶升设备要求见图19-2-4。

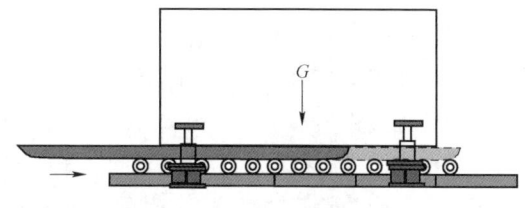

图 19-2-4 穿拖排

3. 设置地锚、卷扬机、滑轮组等

（1）地锚设置。地锚的形式很多，有桩式地锚、水平地锚和大型混凝土重力式地锚等。桩式地锚分为木质和钢质。根据受力大小，桩式地锚可以组成单排、双排或多排来使用；水平地锚为埋入式地锚，选用木质或钢质地锚，水平埋入地下；大型混凝土重力式地锚是将锚具埋入混凝土块内，在混凝土块前侧墙填土并压实。

钻桩地锚见图19-2-5。

图 19-2-5 钻桩地锚示意图

混凝土重力式地锚见图19-2-6。

选择地锚应综合考虑施工现场条件、牵引力大小等因素。

（2）卷扬机设置。

1）卷扬机的设置。卷扬机必须用地锚予以固定，以防工作时产生滑动或倾覆。根据受力大小，固定卷扬机有螺栓锚固法、水平锚固法、立桩锚固法和压重锚固法四种方法。卷扬机的固定方法见图19-2-7。

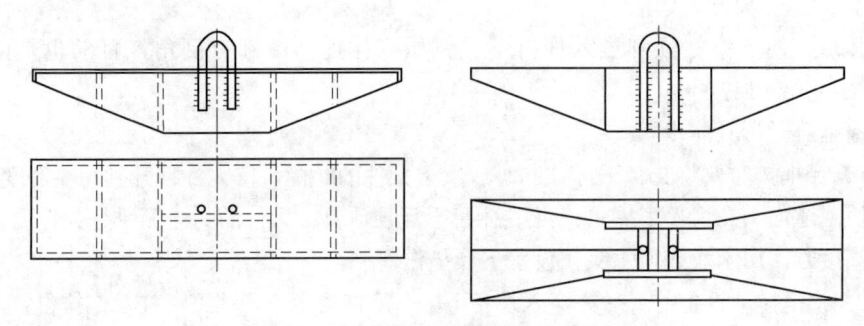

图 19-2-6 混凝土重力式地锚示意图

2）卷扬机布置注意事项：① 卷扬机安装位置应能使操作人员看清指挥人员和大件滚移作业现场。② 在卷扬机正前方应设置导向滑车，导向滑车与卷扬机卷筒（带槽卷筒）的轴线距离不小于卷筒宽度的 15 倍，即倾斜角 $\alpha$ 不大于 2°，以免钢丝绳与导向滑车槽缘产生磨损。卷扬机与导向滑车布置图见图 19-2-8。③ 卷扬机卷筒钢丝绳的缠绕方向应与卷筒轴线垂直，其垂直度偏差不大于 6°。以使钢丝绳在卷筒上排列整齐，不会发生斜绕或相互错叠、挤压。

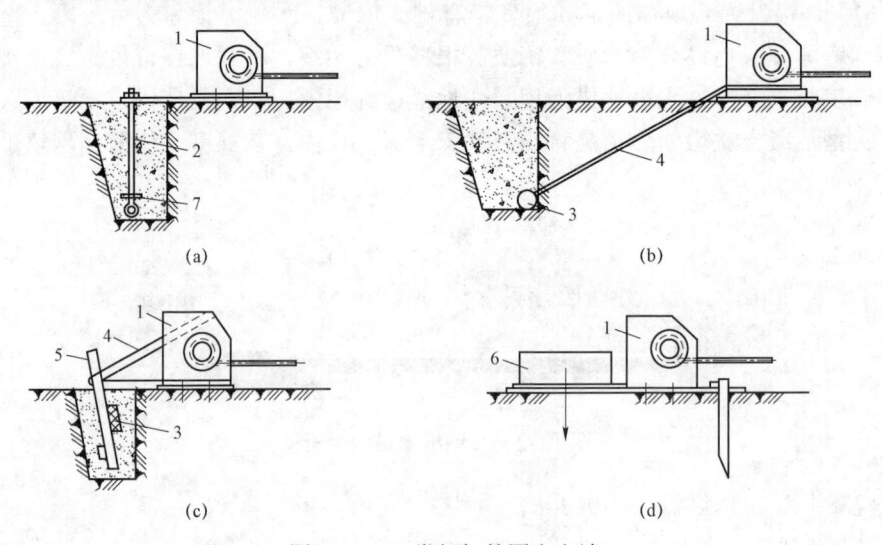

图 19-2-7 卷扬机的固定方法
(a) 螺栓锚固法；(b) 水平锚固法；(c) 立桩锚固法；(d) 压重锚固法

（3）滑轮组设置。滑轮组的设置主要是滑轮组钢丝绳的穿绕。

1）滑轮组钢丝绳穿绕方法。滑轮组钢丝绳穿绕方法分顺穿法和花穿法两种。滑轮组钢丝绳的穿绕是一项重要而且复杂的起重操作技术。滑轮组的穿绕方法见图 19-2-9。① 顺穿法。顺穿法就是将绳索的一端按顺序逐个绕过定滑轮和动滑轮

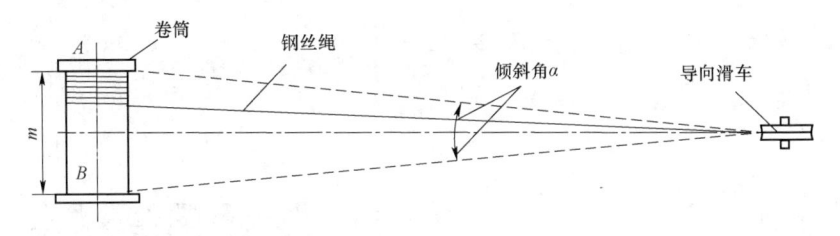

图 19-2-8 卷扬机与导向滑车布置图

的一种穿绳方法。视卷扬机的台数不同，顺穿法可抽出单头，也可抽出双头。顺穿法只宜用于 4 个滑轮以下的滑轮组。与单抽头相比，双抽头顺穿法能避免滑轮发生歪斜，工作比较平稳，阻力小，速度快。滑轮组的顺穿法见图 19-2-9（a）；② 花穿法。仅用一台卷扬机牵引，滑轮组滑轮数量较多，可用花穿法穿绕滑轮组钢丝绳，以改善滑车组的工作条件，降低抽出头的拉力，保证滑轮组受力均匀。滑轮组的顺穿法见图 19-2-9（b）。

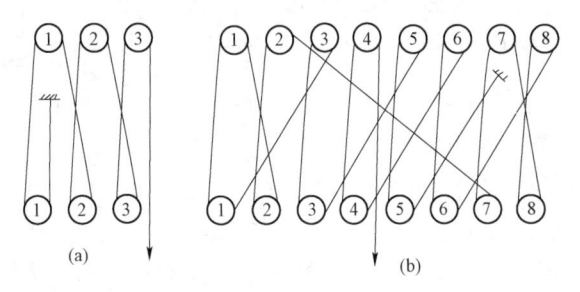

图 19-2-9 滑轮组的穿绕方法
（a）顺穿法；（b）花穿法

2）滑轮组钢丝绳穿绕方法注意事项：

a. 穿绕方法应简单，容易操作；

b. 在负载后，滑轮组应不发生或只发生轻度歪斜；

c. 牵引钢丝绳进入滑轮的偏角，应控制在 40°以下；

d. 在动滑轮移动过程中，穿绕在动滑轮与定滑轮之间的钢丝绳，只允许发生轻度摩擦，切不可产生危及安全的严重摩擦，更不可缠绕在一起。

4. 滚杠牵引滚移操作

完成上述工作后，即可对大件进行牵引滚移作业。

（1）滚杠及承重道木倒运。在卷扬机的牵引下，大件自道木排架的后部不断向前部移位。大件移位时，滚杠不断地从大件前端进入，后端脱出。因此，在大件牵引移位过程中，须进行滚杠和道木自后而前的倒运。为避免现场混乱，应设定滚杠和道木的倒运路线。滚杠、道木倒运路线图见图 19-2-10。

(2) 现场人员站位布置见图 19-2-11。

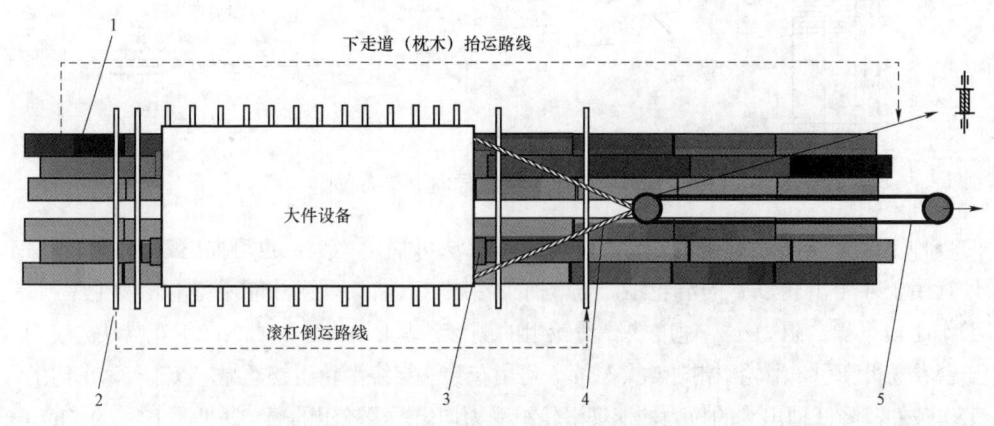

图 19-2-10 滚杠、道木倒运路线图
1—承重枕木（走道）；2—滚杠；3—拖排；4—千斤绳；5—滑轮组

(3) 承重道木、滚杠的抬运及摆放。结合图 19-2-11，在牵引过程中，承重道木由后至前由辅助杂工抬运，并沿路线向前输送，承重道木由 8、9 位置 2 人承接并向前铺设。滚杠由 3、4 位置 2 人将脱出的滚杠抽出，交辅助杂工由后至前输送，由 6、7 位置 2 人承接滚杠后，负责穿过承重道木上方并摆正。1、2 位置是填放滚杠人员，摆放滚杠时，要根据指挥人员指令，向拖排下填充滚杠。5 位置人员在设备两侧，随时注意滚杠滚动情况，发现滞杠、滑杠、偏移现象，及时用大锤或撬棍校正，进行调整。

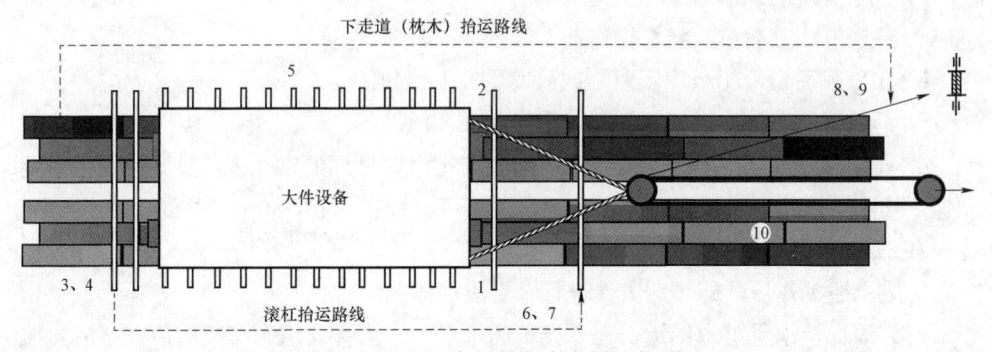

图 19-2-11 牵引过程中人员站位图
1、2—滚杠摆放人员；3、4—辅助抬运滚杠人员；5—调整滚杠（大锤敲击）人员；
6、7—递送滚杠人员；8、9—枕木铺设人员；10—现场总指挥

（4）滚动移位的转弯操作。大件移位须转弯时，可通过调整滚杠的方向来实现转弯。根据转弯角度，必要时调整牵引地锚位置，以满足要求。滚杠滚移过程转弯操作见图 19-2-12。

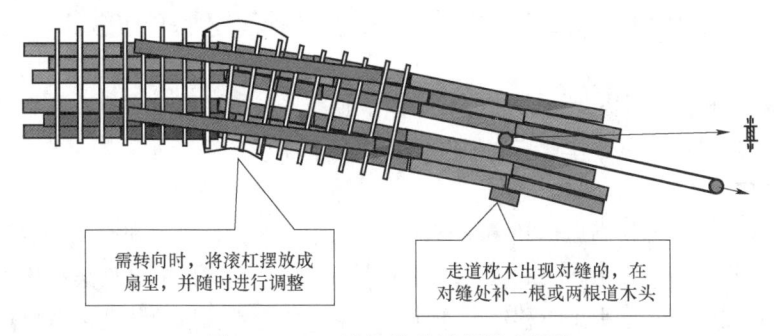

图 19-2-12　滚杠滚移过程转弯操作

### 三、滚杠牵引滚移作业注意事项

（1）根据地面的耐压力，确定搭设道木排架的结构、型式。

（2）所用滚杠应保证一致，直径、壁厚、长短、材质等均相同。滚杠的两端应伸出拖排外侧约 300mm。

（3）滚杠放置人员应在大件侧面，正确操作，防止滚杠碰伤、挤压身体。

（4）牵引作业前，应对牵引系统进行试运转，观察卷扬机、滑轮组运行情况，发现异常及时整改。

（5）锚固点须经试验合格后，才能使用。作业过程中，锚固点要有专人监护，发现变形、移位、松动等迹象，应立即停止，采取处理措施。

（6）牵引作业时，不得跨越卷扬钢丝绳，在钢丝绳导向滑轮内侧的危险区内，严禁有人逗留或通过。

（7）走道有上下坡时，应在大件上设置溜绳。

（8）中间停运时，应采取固定措施，防止大件自行移位。夜间应设红色警示灯，并设专人看守。

（9）搬运道木和滚杠时，应按行走路线，各行其道。

（10）滚杠轴线应与大件行进方向垂直，转弯时，应将滚杠摆放成扇形，滚运过程中应随时观察滚杠的方向，发现歪斜、偏位时，及时用大锤或撬棍校正，严禁用手、脚直接与滚杠接触。

【思考与练习】

1. 简述滚杠牵引滚移系统的组成。

2. 卷扬机钢丝绳的拉力如何计算？
3. 滚杠牵引滚移作业注意事项有哪些？

## ▲ 模块3  轨道小车牵引滚移作业（Z47I2003Ⅱ）

【模块描述】本模块介绍轨道小车滚移作业步骤。通过要点讲解，掌握轨道小车滚移作业工器具的配置、作业步骤以及作业注意事项。

【模块内容】

近年来，在一批特高压、超高压直流工程的建设中，轨道小车牵引滚移法通过在换流变移位施工中的应用和不断改进，现已成为一种较为成熟的大件滚移施工工艺。

以下着重介绍轨道小车滚移法的作业前准备、作业步骤以及作业注意事项。

一、作业前准备

（1）勘查作业现场，编制方案，按程序报批。

（2）作业方式选择。轨道小车滚移法按牵引作业方式分为单卷扬牵引和双卷扬同步牵引两种作业方式。

1）单卷扬牵引作业方式。单卷扬牵引作业方式是通过一台卷扬机和一套滑轮组等，对承载大件的滚动小车进行牵引，实现大件的移位。大件通常由两部滚动小车承载。

大件（换流变）前端和后端的两侧均有牵引点。用钢丝绳索具和卸扣，分别将定滑轮与安装基础两侧的锚固点相连，动滑轮与大件牵引点相连，使滑轮组处于基础中轴线上（大件牵引移位方向）。在大件安装基础的同侧，布置转向滑车和卷扬机。转向滑车与基础上的锚点相连。卷扬机与锚固点相连。卷扬机钢丝绳（跑头）经转向滑车引出至滑轮组，按要求穿绕后，固定在动滑车或定滑车上，也可以固定在锚点或大件上。单卷扬牵引作业方式布置图如图19-3-1所示。

2）双卷扬同步牵引作业方式。双卷扬同步牵引作业方式是在大件（换流变）的两侧分别布置一台卷扬机和一套滑轮组。两台卷扬机的钢丝绳按要求在滑轮组上穿绕后，通过平衡滑车与拉力计相连，两套滑轮组串联在一起，使两套牵引装置在启动、制动和阻力有差异的情况下，实现对大件（换流变）的同步牵引。动滑轮与大件（换流变）后端的牵引点相连接。卷扬机和定滑车分别与各自的锚点相连接。

拉力计用于指示大件（换流变）在牵引移位过程中的实时拉力，以便通过牵引力变化监控牵引过程的异常。

双卷扬同步牵引作业方式布置图如图19-3-2所示。

第十九章　电力大件水平搬运

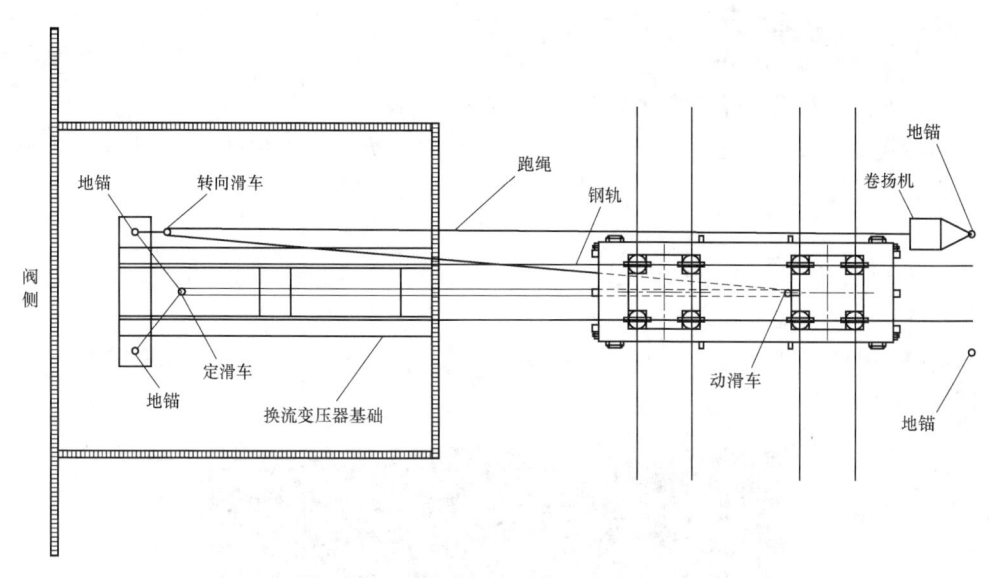

图 19-3-1　单卷扬牵引作业方式布置图

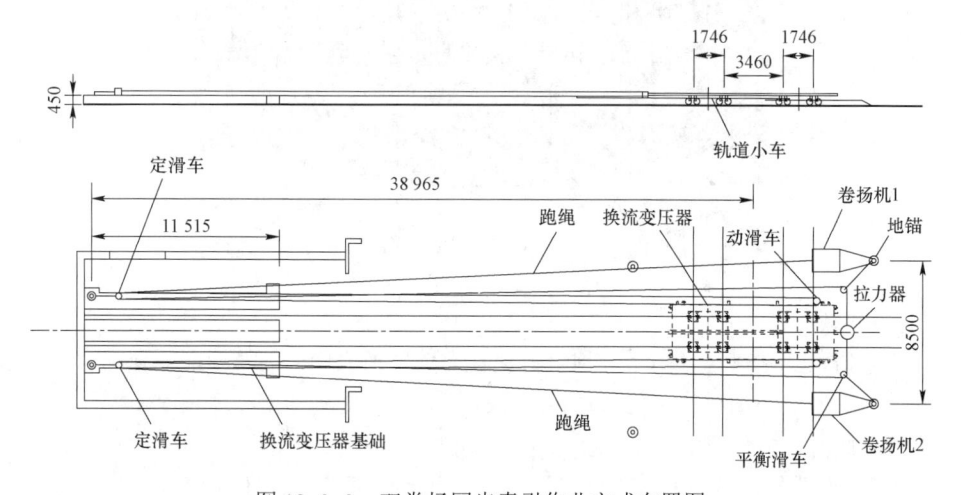

图 19-3-2　双卷扬同步牵引作业方式布置图

（3）工器具配置。钢丝绳、滑车组和卷扬机的配置应根据牵引力和的穿绕方式进行选择，具体参阅本章中"滚杠牵引滚移作业"模块中的有关内容。

通常施工现场已具备合格的地锚。牵引地锚在换流变基础和安装广场设计时已经考虑，施工时地锚已同步埋入。

其他工器具按施工方案配置。

## 二、牵引作业步骤

1. 检查作业现场

作业前,对作业现场进行清理,并采取必要的保护措施。

检查确认大件(换流变)停放位置和排架是否与施工方案相符,特别是大件(换流变)的纵向中心线(移位方向)是否与基础中心线一致。

2. 安装轨道小车

通常用两台轨道小车承载大件。轨道小车必须按设备制造厂家图纸要求安装。

轨道小车安装步骤如下:

(1)用吊车配合,将两台轨道小车放置在轨道上,为正式安装轨道小车做准备(见图 19-3-3)。

图 19-3-3 在轨的轨道小车

(2)搭设道木排架。用千斤顶交替顶升大件(换流变)的两端,顶升过程中,用不同规格的木板不断换垫,同时搭设道木排架。排架达到一定高度时,使大件落实在排架上。此时,大件底面高于轨道小车,以方便安装轨道小车。

千斤顶操作、道木排架的搭设要求请参阅"垂直顶升作业"模块中的有关内容。

(3)安装轨道小车。在千斤顶配合下,分别拆除大件(换流变)两端的道木排架,将垫放有 5mm 厚橡皮的轨道小车分别推进大件(换流变)两端部的底座下方,按方案要求就位,让大件(换流变)落实在两台轨道小车上。顶升大件(换流变)的另一端时,应将先安装好的轨道小车用木楔掩牢。安装轨道小车时的操保排架图如图 19-3-4 所示。

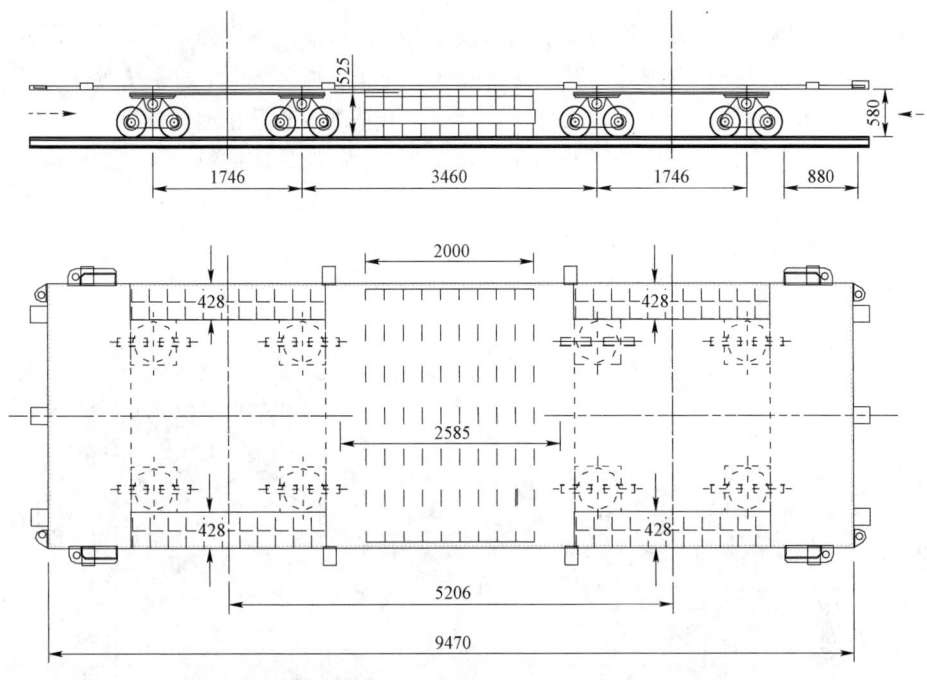

图 19-3-4 安装轨道小车时的操保排架图（单位：mm）

说明：黄色虚线：道木排架。粉色实线：小车轨道。红色方格区：小车调向时临时操保点位置。
红色虚箭线：轨道小车推入的方向

3. 布置牵引滑车组

按照方案要求，布置作业现场，穿绕滑车组。
双卷扬滑车组钢丝绳的穿绕方式见图 19-3-5。

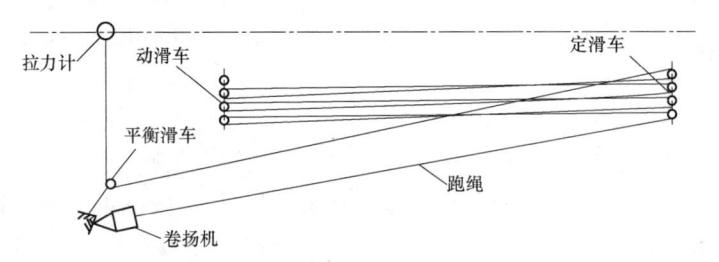

图 19-3-5 双卷扬滑车组钢丝绳的穿绕方式

4. 牵引作业

检查确认现场布置工作完毕，符合要求后，实施牵引作业。牵引作业步骤如下：
（1）开动卷扬机，缓慢收紧钢丝绳进行试牵引，注意检查：钢丝绳是否相互摩擦、挤压,有无卡绳,锚环处滑钩与锚点的连接是否牢固可靠,牵引力是否异常,导向滑车、卷扬机的布置是否合理等。发现问题应立即处理,确保整个牵引系统运行良好。

(2)在牵引装置的牵引下,大件(换流变)沿基础中心平稳地向基础移动。在此过程中,应注意大件(换流变)的移动方向与基础中心的偏离情况,利用调整两台卷扬机的牵引速度,对偏移情况及时实施修正。当大件(换流变)中心对准基础中心后,就位完成,停止牵引。

双卷扬同步牵引实景照片见图 19-3-6;单卷扬牵引实景照片见图 19-3-7。

图 19-3-6　双卷扬同步牵引实景照片　　　图 19-3-7　单卷扬牵引实景照片

5. 大件(换流变)就位

大件到达基础指定位置后,拆除滑车组,在大件顶点位置设置分离式液压千斤顶,操作泵站,顶升大件,使大件底座离开轨道小车。大件在顶升过程中应不断操垫,防止千斤顶失稳,便于轨道小车抽出。轨道小车抽出后,用千斤顶配合,将大件落到基础上的指定位置。

三、注意事项

(1)搭设的排架要密实,上下隔层要对齐,使支撑点一致。

(2)在顶升设备时,应分端交替顶升,不允许同时顶升设备的两端,防止大件在顶升过程中失稳。

(3)启动卷扬机时,应用最低挡启动,以减少启动时的牵引速度和增大卷扬机的启动拉力,当大件移动后,再根据需要调整挡位。

(4)牵引作业时,不得有人跨越卷扬钢丝绳,在钢丝绳受力方向内侧的危险区,严禁有人逗留或通过。

（5）在牵引作业时，应派专人对作业现场的牵引地锚、千斤绳、滑车组等进行监护，发现异常，停止牵引作业，及时处理。

【思考与练习】

1. 简述轨道小车牵引滚移的两种牵引方式。
2. 双卷扬同步牵引现场如何布置？
3. 轨道小车牵引滚移作业应注意哪些事项？

## 附录　起重设备操作培训模块各等级引用关系表

| 部分名称 | 章（模块包）名称 | 模块名称 | 等级 Ⅰ级 | 等级 Ⅱ级 | 等级 Ⅲ级 |
|---|---|---|---|---|---|
| 抱杆起重系统操作 | 抱杆起重系统安装布置 | 落地式抱杆起重系统安装布置 | √ | | |
| | | 悬浮式抱杆起重系统安装布置 | √ | | |
| | | 支座式抱杆起重系统安装布置 | √ | | |
| | | 抱杆起重系统检查验收 | | | √ |
| | 抱杆起重系统吊装作业 | 落地式抱杆起重系统吊装作业 | | √ | |
| | | 悬浮式抱杆起重系统吊装作业 | | √ | |
| | | 支座式抱杆起重系统吊装作业 | | √ | |
| | 抱杆起重系统的维护保养 | 抱杆起重系统的维护、保养 | | √ | |
| | 抱杆起重系统的拆除 | 抱杆起重系统拆除 | | √ | |
| 塔式起重机操作 | 塔式起重机安装 | 塔式起重机安装 | | √ | |
| | | 塔式起重机检测验收 | | | √ |
| | 塔式起重机吊装作业 | 塔式起重机吊装作业 | | √ | |
| | 塔式起重机的维护保养 | 塔式起重机的检查保养 | | √ | |
| | 塔式起重机的拆除 | 塔式起重机的拆除 | | √ | |
| 流动式起重机操作 | 流动式起重机吊装前准备 | 吊装工器具配置 | √ | | |
| | | 流动式起重机现场组装 | √ | | |
| | | 作业环境条件的检查确认 | | √ | |
| | | 流动式起重机性能检查 | | √ | |
| | 流动式起重机吊装作业 | 流动式起重机基本操作 | √ | | |
| | | 常见重物吊装 | √ | | |
| | | 流动式起重机双机抬吊 | | √ | |
| | 流动式起重机保养与常见故障排除 | 流动式起重机维护与保养 | √ | | |
| | | 流动式起重机常见故障和排除方法 | | √ | |

续表

| 部分名称 | 章（模块包）名称 | 模块名称 | 等级 I级 | 等级 II级 | 等级 III级 |
|---|---|---|---|---|---|
| 索道起重系统操作 | 索道起重系统通道规划 | 索道起重系统通道及场地选择 | | | √ |
| | 索道起重系统架设 | 索道起重系统架设 | | √ | |
| | 索道起重系统验收 | 索道起重系统试运行验收 | | | √ |
| | 索道起重系统物料运输 | 索道运输操作 | | √ | |
| | 索道起重系统维护 | 索道起重系统维护保养 | | √ | |
| | 索道起重系统拆除 | 索道起重系统拆除 | √ | | |
| 电力大件起重操作 | 电力大件垂直顶升 | 电力大件垂直顶升 | √ | | |
| | 电力大件水平搬运 | 水平顶推移位作业 | | √ | |
| | | 滚杠牵引滚移作业 | | √ | |
| | | 轨道小车牵引滚移作业 | | √ | |